2.1实例：木箱翻滚动画

2.2实例：曲线运动动画

2.3实例：排球弹跳动画

2.4实例：弹簧翻滚动画

2.5实例：制作翻书动画

3.1实例：镜头震动动画

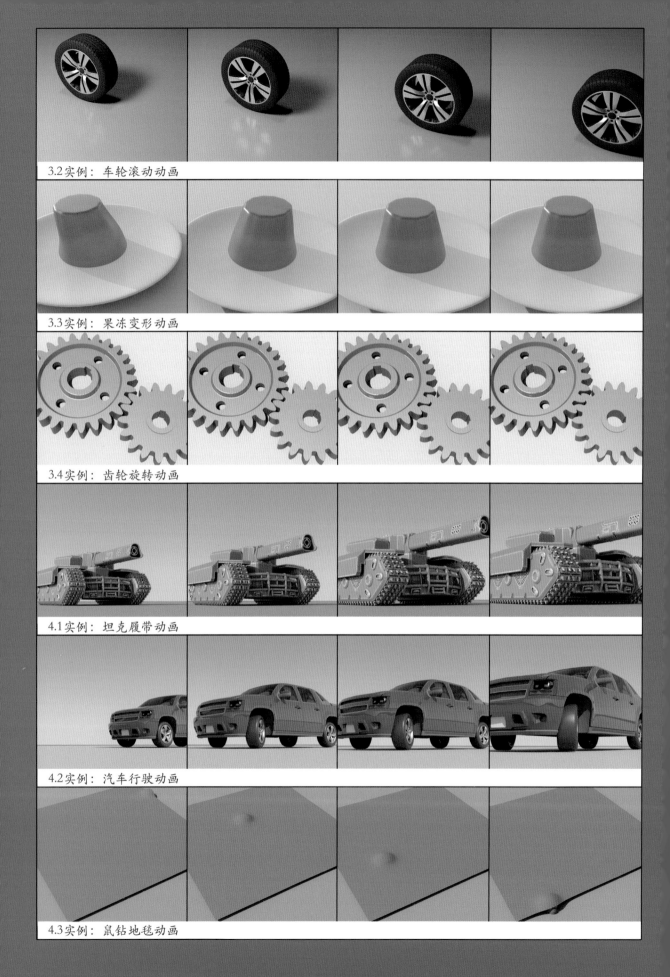

3.2实例：车轮滚动动画

3.3实例：果冻变形动画

3.4实例：齿轮旋转动画

4.1实例：坦克履带动画

4.2实例：汽车行驶动画

4.3实例：鼠钻地毯动画

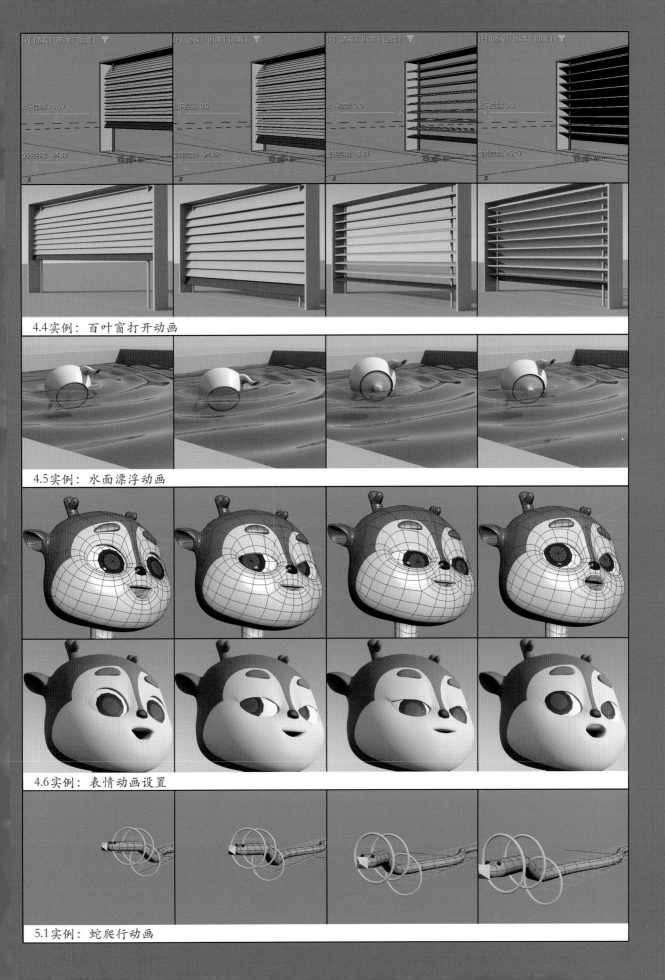

4.4实例：百叶窗打开动画

4.5实例：水面漂浮动画

4.6实例：表情动画设置

5.1实例：蛇爬行动画

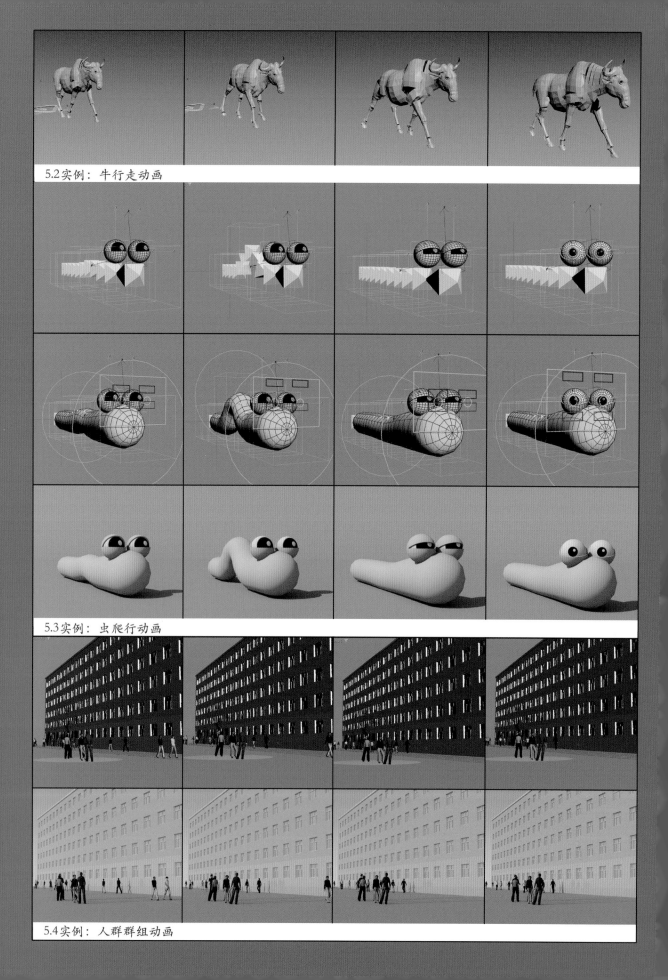

5.2实例：牛行走动画

5.3实例：虫爬行动画

5.4实例：人群群组动画

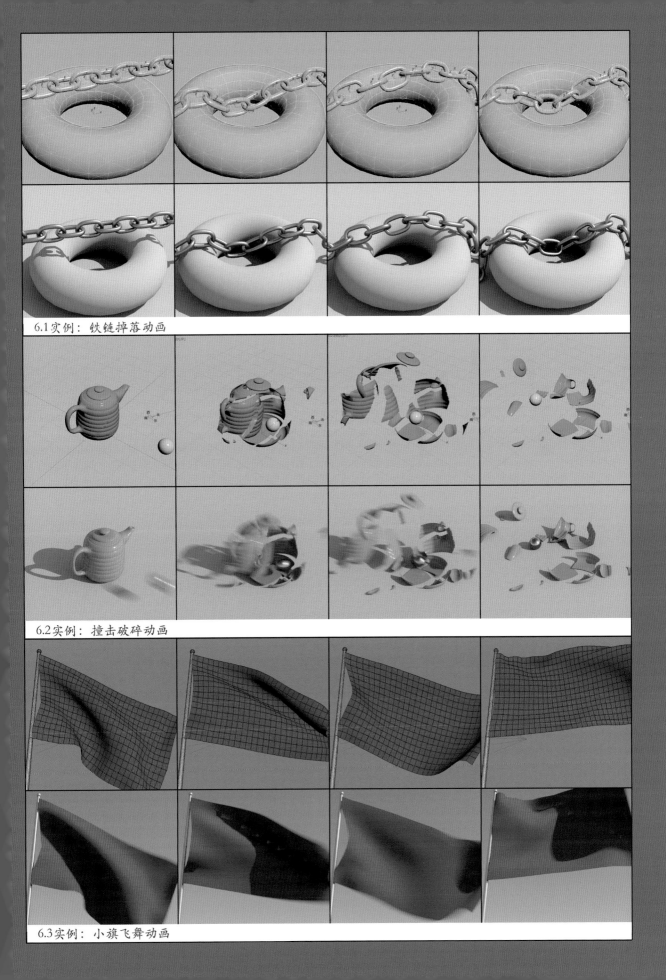

6.1实例：铁链掉落动画

6.2实例：撞击破碎动画

6.3实例：小旗飞舞动画

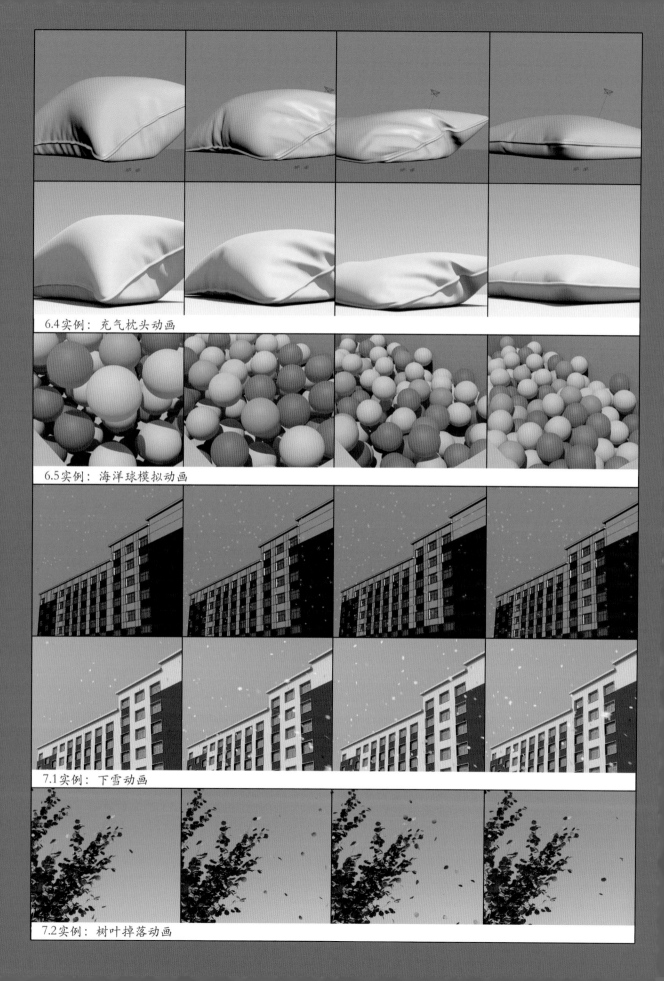

6.4实例：充气枕头动画

6.5实例：海洋球模拟动画

7.1实例：下雪动画

7.2实例：树叶掉落动画

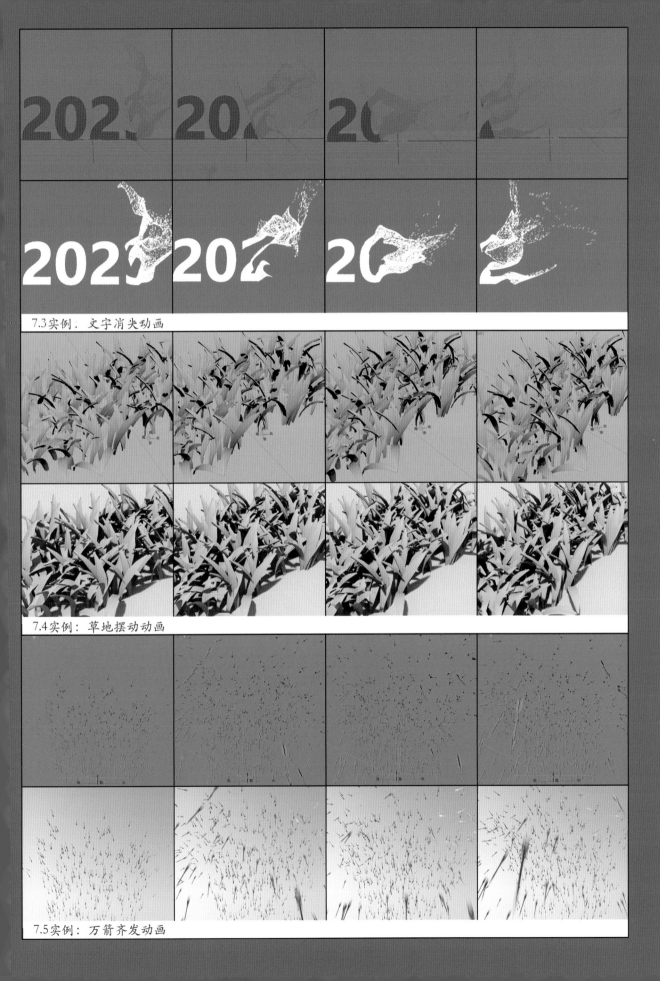

7.3实例：文字消失动画

7.4实例：草地摆动动画

7.5实例：万箭齐发动画

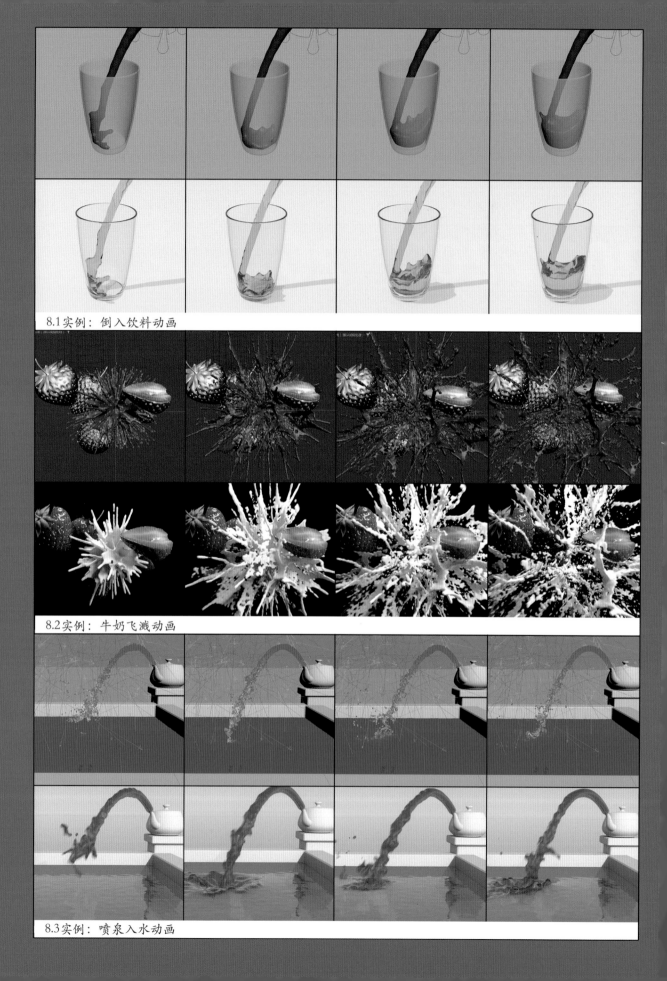

8.1实例：倒入饮料动画

8.2实例：牛奶飞溅动画

8.3实例：喷泉入水动画

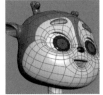
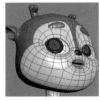

来阳 / 编著

从新手到高手

3ds Max 动画特效

从新手到高手

清华大学出版社

北 京

内 容 简 介

本书定位于 3ds Max 的动画及特效制作领域,通过多个实例全面系统地讲解该软件的使用技巧。全书共 8 章。第 1 章讲解软件动画的基础知识;第 2~8 章分门别类地详细讲解关键帧动画、控制器动画、绑定动画、骨骼动画、动力学动画、粒子动画和液体动画。

本书内容丰富,结构清晰,章节独立,读者可以直接阅读自己感兴趣的章节进行学习。本书提供的素材包括所有案例的工程文件、贴图文件及作者本人录制的教学视频文件。

本书适合作为各类高校和培训机构相关专业的教材或辅导用书,也可以作为三维动画自学人员的参考用书。

本书封面贴有清华大学出版社防伪标签,无标签者不得销售。

版权所有,侵权必究。举报:010-62782989,beiqinquan@tup.tsinghua.edu.cn。

图书在版编目 (CIP) 数据

3ds Max 动画特效从新手到高手 / 来阳编著 . —北京:清华大学出版社,2023.6
（从新手到高手）

ISBN 978-7-302-63879-7

Ⅰ . ① 3… Ⅱ . ①来… Ⅲ . ①三维动画软件 Ⅳ . ① TP391.414

中国国家版本馆 CIP 数据核字 (2023) 第 113411 号

责任编辑:陈绿春
封面设计:潘国文
版式设计:方加青
责任校对:胡伟民
责任印制:宋　林

出版发行:清华大学出版社
　　　　网　　　址:http://www.tup.com.cn,http://www.wqbook.com
　　　　地　　　址:北京清华大学学研大厦 A 座　　　　邮　　编:100084
　　　　社 总 机:010-83470000　　　　邮　　购:010-62786544
　　　　投稿与读者服务:010-62776969,c-service@tup.tsinghua.edu.cn
　　　　质 量 反 馈:010-62772015,zhiliang@tup.tsinghua.edu.cn
印 装 者:三河市铭诚印务有限公司
经　　　销:全国新华书店
开　　本:188mm×260mm　　印　张:12　　插　页:4　　字　数:410 千字
版　　次:2023 年 8 月第 1 版　　印　次:2023 年 8 月第 1 次印刷
定　　价:89.00 元

产品编号:101966-01

本书以目前较流行的三维动画制作软件3ds Max为基础，以实际工作中较为常见的动画案例来详细讲解该软件的动画及特效制作技术，使读者能够快速地根据书中案例查询到能够解决自己动画制作中所遇到问题的解决方案。本书适合对3ds Max软件有一定操作基础，并希望使用其来进行三维动画及特效制作的从业人员进行阅读与学习，也适合高校动画相关专业的学生学习参考。相比市面上的同类图书，本书具有以下特点。

（1）操作规范。本书严格按照实际工作中三维动画的制作流程进行分析和讲解。

（2）实用性强。本书中的大多数案例均选自编者从业多年所接触的工作项目，在案例的选择上注重实例的实用性及典型性，力求用最少的篇幅让读者获得更多的动画制作知识。

（3）视频教学。本书所有案例均配有视频教学文件，方便读者学习操作。

（4）性价比高。本书共8章，共计32个动画实例，全方位地向读者展示3ds Max动画及特效案例的制作过程，物超所值。

本书的配套资源请用微信扫描下面的二维码进行下载，如果在下载过程中碰到问题，请联系陈老师，联系邮箱：chenlch@tup.tsinghua.edu.cn。

如果有技术性问题，请用微信扫描下面的二维码、联系相关人员解决。

配套素材

视频教学

技术支持

写作是一件快乐的事，在本书的出版过程中，清华大学出版社的编辑老师们为本书的出版做了很多工作，在此表示诚挚的谢意。

另外，本书所有内容均采用中文版3ds Max 2023软件完成，请读者注意。

由于时间仓促及本人的水平有限，书中难免有疏漏之处，还请各位读者朋友及时批评指正！

来　阳

2023年6月

CONTENTS 目录

第 1 章　3ds Max 动画基础知识

1.1　动画概述 ··1

1.2　计算机动画应用领域 ·······················1

1.3　动画基础知识 ····································2

   1.3.1　关键帧基本知识 ·····················2

   1.3.2　时间配置 ··································2

1.4　轨迹视图-曲线编辑器 ·······················4

   1.4.1　"新关键点"工具栏 ·················4

   1.4.2　"关键点选择工具"工具栏 ·······6

   1.4.3　"切线工具"工具栏 ·················6

   1.4.4　"仅关键点"工具栏 ·················6

   1.4.5　"关键点切线"工具栏 ·············6

   1.4.6　"切线动作"工具栏 ·················7

   1.4.7　"缓冲区曲线"工具栏 ·············7

   1.4.8　"轨迹选择"工具栏 ·················7

   1.4.9　"控制器"窗口 ·······················8

第 2 章　关键帧动画

2.1　实例：木箱翻滚动画 ·······················9

2.2　实例：曲线运动动画 ·····················15

2.3　实例：排球弹跳动画 ·····················19

2.4　实例：弹簧翻滚动画 ·····················24

2.5　实例：制作翻书动画 ·····················29

第 3 章　控制器动画

3.1　实例：镜头震动动画 ·····················35

3.2　实例：车轮滚动动画 ·····················39

3.3　实例：果冻变形动画 ·····················43

3.4　实例：齿轮旋转动画 ·····················47

第 4 章　绑定动画

4.1　实例：坦克履带动画 ·····················52

   4.1.1　制作坦克图形控制器 ············52

   4.1.2　使用"路径变形"修改器制作坦克履带 ·······················56

   4.1.3　使用"浮点表达式"控制器绑定履带 ···57

   4.1.4　使用Curvature制作磨损材质 ·········61

4.2　实例：汽车行驶动画 ·····················63

   4.2.1　制作汽车图形控制器 ············64

   4.2.2　使用"浮点脚本"控制器绑定车轮 ···66

4.3 实例：鼠钻地毯动画 ················· 70

4.4 实例：百叶窗打开动画 ············· 74

4.4.1 为百叶窗设置"方向约束"和"位置
约束" ··························· 74

4.4.2 使用"连线参数"控制百叶窗叶片的
旋转效果 ······················· 77

4.4.3 使用"反应管理器"控制百叶窗叶片的
下拉效果 ······················· 78

4.5 实例：水面漂浮动画 ··············· 80

4.5.1 使用"波浪"和"涟漪"制作水面动
画效果 ························· 81

4.5.2 使用"附着约束"制作水面漂浮动画
··································· 83

4.6 实例：表情动画设置 ··············· 84

4.6.1 使用"变形器"修改器制作角色表情··· 85

4.6.2 使用"链接变换"修改器绑定角色眼球
··································· 87

第 5 章 骨骼动画

5.1 实例：蛇爬行动画 ················· 91

5.1.1 创建蛇骨骼 ··················· 91

5.1.2 使用"波浪"修改器制作蛇爬行动画··· 96

5.2 实例：牛行走动画 ················· 100

5.2.1 制作牛直线行走动画 ··········· 101

5.2.2 制作牛沿路径行走动画 ········· 102

5.3 实例：虫爬行动画 ················· 106

5.3.1 制作图形控制器 ··············· 107

5.3.2 使用"反应管理器"制作虫子眼皮动画
··································· 109

5.3.3 使用"属性承载器"制作眼珠大小动画
··································· 112

5.3.4 使用"注视约束"制作眼球注视动画··· 115

5.3.5 创建虫子骨骼 ················· 117

5.3.6 制作虫子爬行关键帧动画 ········· 120

5.4 实例：人群群组动画 ··············· 122

5.4.1 制作人群行走动画 ············· 123

5.4.2 制作人物驻足停留动画 ········· 125

第 6 章 动力学动画

6.1 实例：铁链掉落动画 ··············· 127

6.2 实例：撞击破碎动画 ··············· 131

6.2.1 使用ProCutter制作破碎模型 ········· 131

6.2.2 动力学模拟 ··················· 133

6.3 实例：小旗飞舞动画 ··············· 136

6.4 实例：充气枕头动画 ··············· 139

6.5 实例：海洋球模拟动画 ············· 142

6.5.1 制作海洋球下落动画 ··········· 143

6.5.2 使用Color Jitter制作随机颜色材质··· 145

第 7 章 粒子动画

7.1 实例：下雪动画 ··················· 148

7.2 实例：树叶掉落动画 ··············· 150

7.2.1 使用粒子系统制作树叶 ··········· 151

7.2.2 使用风制作树叶掉落动画 ············153

7.3 实例：文字消失动画 ················ 155

7.4 实例：草地摆动动画 ················ 160

　　7.4.1 使用"噪波浮点"制作叶片摆动动画
　　　　 ···161

　　7.4.2 使用粒子系统制作草地 ·············162

7.5 实例：万箭齐发动画 ················ 166

第8章 液体动画

8.1 实例：倒入饮料动画 ························· 170

8.2 实例：牛奶飞溅动画 ················ 174

　　8.2.1 创建液体发射装置 ···············174

　　8.2.2 使用运动场制作液体飞溅效果 ·······176

　　8.2.3 渲染设置 ·······················179

8.3 实例：喷泉入水动画 ················ 180

　　8.3.1 设置喷泉发射动画 ···············180

　　8.3.2 使用运动场影响喷泉的形状 ·········184

第1章
3ds Max 动画基础知识

1.1 动画概述

　　动画是一门集合了漫画、电影、数字媒体等多种艺术形式的综合艺术，也是一门年轻的学科，经过100多年的历史发展，已经形成了较为完善的理论体系和多元化产业，其独特的艺术魅力深受大众喜爱。在本书中，动画仅狭义地理解为使用3ds Max软件来设置对象的形变及运动过程。迪士尼公司早在30年代左右就提出了著名的"动画12原理"，这些传统动画的基本原理不但适用于定格动画、黏土动画、二维动画，也同样适用于三维电脑动画。使用3ds Max软件创作的虚拟元素与现实中的对象合成在一起，可以带给观众超强的视觉感受和真实体验。用户在学习本章内容之前，建议阅读一下相关书籍并掌握一定的动画基础理论，这样非常有助于用户制作出更加令人信服的动画效果。尽管在当下的数字时代，人们已经开始习惯使用计算机来制作电脑动画，但是制作动画的基础原理及表现方式仍然继续沿用着动画先驱者们总结出来的经验，并在此基础上不断完善、更新及应用。图1-1所示为中文版3ds Max 2023的软件启动界面。

图1-1

1.2 计算机动画应用领域

　　计算机图形技术始于20世纪50年代早期，最初主要应用于军事作战、计算机辅助设计与制造等专业领域，而非现在的艺术设计专业。在90年代后，计算机应用技术开始变得成熟，随着计算机价格的下降，使得图形图像技术开始被越来越多的视觉艺术专业人员所关注、学习。随着数字时代的发展和各个学科之间的交叉融合，计算机动画的应用领域不断扩大，除了在人们所熟知的动画片制作领域，还可以在影视动画、游戏展示、产品设计、建筑表现等各行各业中看到计算机动画的身影。图1-2～图1-5所示分别为使用三维软件制作的动画影像效果。

图 1-2

图 1-3

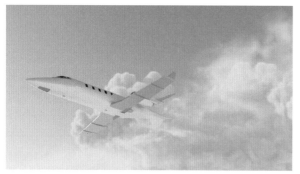

图 1-4

图 1-5

1.3
动画基础知识

1.3.1 关键帧基本知识

关键帧动画是中文版 3ds Max 2023 软件动画技术中最常用的，也是最基础的动画设置技术。说简单些，就是在物体动画的关键时间点上来进行设置数据记录，而 3ds Max 则根据这些关键点上的数据设置来完成中间时间段内的动画计算，这样一段流畅的三维动画就制作完成了。单击软件界面右下方的"自动"按钮，即开始记录用户对当前场景进行的改变，如图 1-6 所示。

图 1-6

1.3.2 时间配置

"时间配置"对话框提供了帧速率、时间显示、播放和动画的设置，用户可以使用此对话框来更改动画的长度，对动画进行拉伸和缩放，还可以设置动画的开始帧和结束帧等。单击"时间配置"按钮，即可打开该对话框，如图 1-7 所示。

图 1-7

"时间配置"对话框中的参数设置如图 1-8 所示。

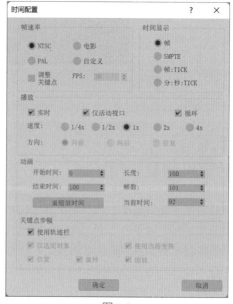

图 1-8

工具解析

- ■ "帧速率"组
- ● NTSC/ 电影 /PAL/ 自定义：3ds Max 提供给用户选择的 4 个不同的帧速率选项，用户可以选择其中一个作为当前场景的帧速率渲染标准。
- ● 调整关键点：勾选该复选框将关键点缩放到全部帧，迫使量化。
- ● FPS：用户选择了不同的帧速率选项后，这里可以显示当前场景文件采用每秒多少帧数来设置动画的帧速率。例如欧美国家的视频使用 30 fps 的帧速率，电影使用 24 fps 的帧速率，而 web 和媒体动画则使用更低的帧速率。
- ■ "时间显示"组
- ● 帧 /SMPTE/ 帧：TICK/ 分：秒：TICK：用来设置场景文件以何种方式来显示场景的动画时间，默认状态下为 "帧" 显示，如图 1-9 所示。当设置为 SMPET 选项时，场景时间显示状态如图 1-10 所示。当设置为 "帧：TICK" 选项时，场景时间显示状态如图 1-11 所示。当设置为 "分：秒：TICK" 选项时，场景时间显示状态如图 1 12 所示。

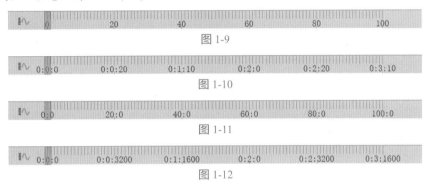

图 1-9

图 1-10

图 1-11

图 1-12

- ■ "播放"组
- ● 实时：可使视口播放跳过帧，与当前 "帧速率" 设置保持一致。
- ● 仅活动视口：可以使播放只在活动视口中进行。禁用该选项之后，所有视口都将显示动画。
- ● 循环：控制动画只播放一次，还是反复播放。启用后，播放将反复进行。
- ● 速度：可以选择 5 个播放速度，1x 是正常速度，1/2x 是半速，等等。速度设置只影响在视口中的播放。默认设置为 1x。
- ● 方向：将动画设置为向前播放、反转播放或往复播放。
- ■ "动画"组
- ● 开始时间 / 结束时间：设置在时间滑块中显示的活动时间段。
- ● 长度：显示活动时间段的帧数。
- ● 帧数：设置渲染的帧数。
- ● "重缩放时间" 按钮 重缩放时间 ：单击以打开 "重缩放时间" 对话框，如图 1-13 所示。
- ● 当前时间：指定时间滑块的当前帧。

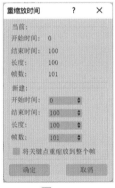

图 1-13

- ■ "关键点步幅"组
- ● 使用轨迹栏：使关键点模式能够遵循轨迹栏中的所有关键点。
- ● 仅选定对象：在使用 "关键点步幅" 模式时只考虑选定对象的变换。
- ● 使用当前变换：禁用 "位置" "旋转" 和 "缩放"，并在 "关键点模式" 中使用当前变换。
- ● 位置 / 旋转 / 缩放：指定 "关键点模式" 所使用的变换类型。

1.4
轨迹视图 – 曲线编辑器

"轨迹视图"提供了 2 种基于图形的不同编辑器，分别是"曲线编辑器"和"摄影表"，其主要功能为查看及修改场景中的动画数据。另外，用户也可以在此为场景中的对象重新指定动画控制器，以便插补或控制场景中对象的关键帧及参数。

在 3ds Max 2023 软件界面的主工具栏上单击"曲线编辑器"按钮，如图 1-14 所示，即可打开"轨迹视图 - 曲线编辑器"面板，如图 1-15 所示。

图 1-14

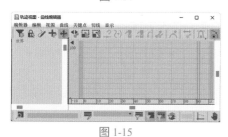

图 1-15

在"轨迹视图 - 曲线编辑器"面板中，执行"编辑器"|"摄影表"命令，即可将"轨迹视图 - 曲线编辑器"面板切换为"轨迹视图 - 摄影表"面板，如图 1-16 所示。

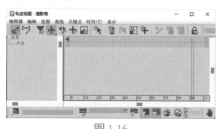

图 1-16

另外，轨迹视图的这 2 种编辑器还可以通过在视图中右击，在弹出的快捷菜单中执行相应命令来打开，如图 1-17 所示。

图 1-17

1.4.1 "新关键点"工具栏

"轨迹视图 - 曲线编辑器"面板中的第一个工具栏是"新关键点"工具栏，包含的命令图标如图 1-18 所示。

图 1-18

工具解析

- 过滤器：使用"过滤器"可以确定在"轨迹视图"中显示哪些场景组件。单击该按钮可以打开"过滤器"对话框，如图 1-19 所示。
- 锁定当前选择：锁定用户选定的关键点，这样就不能无意中选择其他关键点。
- 绘制曲线：可使用该选项绘制新曲线，或直接在函数曲线图上绘制草图来修改已有曲线。
- 添加 / 移除关键点：在现有曲线上创建关键点。按住 Shift 键可移除关键点。

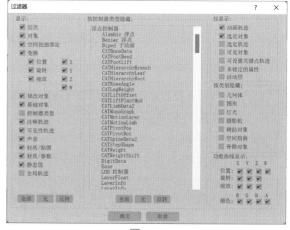

图 1-19

- 移动关键点：在关键点窗口中水平或垂直、仅水平或仅垂直移动关键点。
- 滑动关键点：在"曲线编辑器"中使用"滑动关键点"可移动一个或多个关键点，并在用户移动时滑动相邻的关键点。
- 缩放关键点：可使用"缩放关键点"压缩或扩展两个关键帧之间的时间量。
- 缩放值：按比例增加或减少关键点的值，而不是在时间上移动关键点。
- 捕捉缩放：将缩放原点移动到第一个选定关键点。
- 简化曲线：单击该按钮可以弹出"简化曲

线"对话框，在此设置"阈值"来减少轨迹中的关键点数量，如图1-20所示。

图1-20

- 参数曲线超出范围类型 ：单击该按钮可以弹出"参数曲线超出范围类型"对话框，用于指定动画对象在用户定义的关键点范围之外的行为方式。对话框中包括"恒定""周期""循环""往复""线性"和"相对重复"6个选项，如图1-21所示。其中，"恒定"曲线类型如图1-22所示，"周期"曲线类型如图1-23所示，"循环"曲线类型如图1-24所示，"往复"曲线类型如图1-25所示，"线性"曲线类型如图1-26所示，"相对重复"曲线类型如图1-27所示。

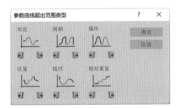

图1-21

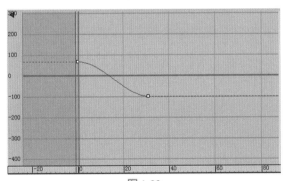

图1-22

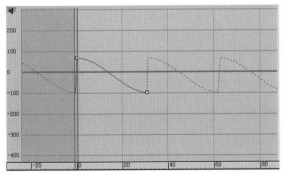

图1-23

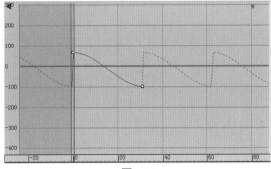

图1-24

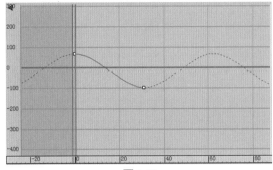

图1-25

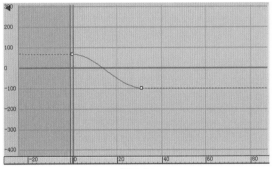

图1-26

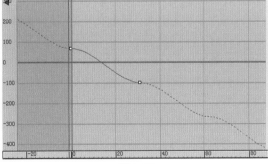

图1-27

- 减缓曲线超出范围类型 ：用于指定减缓曲线在用户定义的关键点范围之外的行为方式。调整减缓曲线会降低效果的强度。
- 增强曲线超出范围类型 ：用于指定增强曲线在用户定义的关键点范围之外的行为方式。调整增强曲线会增加效果的强度。

- 减缓/增强曲线启用/禁用切换：启用/禁用减缓曲线和增强曲线。
- 区域关键点工具 ：在矩形区域内移动和缩放关键点。

1.4.2 "关键点选择工具"工具栏

"关键点选择工具"工具栏中包含的命令图标如图1-28所示。

图1-28

工具解析

- 选择下一组关键点 ：取消选择当前选定的关键点，然后选择下一个关键点。按住Shift键可选择上一个关键点。
- 增加关键点选择 ：选择与一个选定关键点相邻的关键点。按住Shift键可取消选择外部的两个关键点。

1.4.3 "切线工具"工具栏

"切线工具"工具栏中包含的命令图标如图1-29所示。

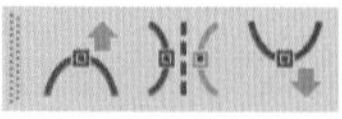

图1-29

工具解析

- 放长切线 ：增长选定关键点的切线。如果选中多个关键点，则按住Shift键以仅增长内切线。
- 镜像切线 ：将选定关键点的切线镜像到相邻关键点。
- 缩短切线 ：减短选定关键点的切线。如果选中多个关键点，则按住Shift键以仅减短内切线。

1.4.4 "仅关键点"工具栏

"仅关键点"工具栏中包含的命令图标如图1-30所示。

图1-30

工具解析

- 轻移 ：将关键点稍微向右移动。按住Shift键可将关键点稍微向左移动。
- 展平到平均值 ：确定选定关键点的平均值，然后将平均值指定给每个关键点。按住Shift键可焊接所有选定关键点的平均值和时间。
- 展平 ：将选定关键点展平到与所选内容中的第一个关键点相同的值。
- 缓入到下一个关键点 ：减少选定关键点与下一个关键点之间的差值。按住Shift键可减少与上一个关键点之间的差值。
- 分割 ：使用两个关键点替换选定关键点。
- 均匀隔开关键点 ：调整间距，使所有关键点按时间在第一个关键点和最后一个关键点之间均匀分布。
- 松弛关键点 ：减缓第一个和最后一个选定关键点之间的关键点的值和切线。按住Shift键可对齐第一个和最后一个选定关键点之间的关键点。
- 循环 ：将第一个关键点的值复制到当前动画范围的最后一帧。按住Shift键可将当前动画的第一个关键点的值复制到最后一个动画。

1.4.5 "关键点切线"工具栏

"关键点切线"工具栏中包含的命令图标如图1-31所示。

图1-31

工具解析

- 将切线设置为自动 ：按关键点附近的功能曲线的形状进行计算，将高亮显示的关键点设置为自动切线。
- 将切线设置为样条线 ：将高亮显示的关键点设置为样条线切线，它具有关键点控制柄，可以通过在"曲线"窗口中拖动进行编辑。在编辑控制柄时按住Shift键以中断连续性。
- 将切线设置为快速 ：将关键点切线设置为快速。

- 将切线设置为慢速 ⟋：将关键点切线设置为慢速。
- 将切线设置为阶越 ⌐：将关键点切线设置为步长。使用阶跃来冻结从一个关键点到另一个关键点的移动。
- 将切线设置为线性 ⟍：将关键点切线设置为线性。
- 将切线设置为平滑 ⌐：将关键点切线设置为平滑。用它来处理不能继续进行的移动。

技巧与提示 ❖

在制作动画之前，还可以通过单击"新建关键点的默认入/出切线"按钮来进行设定关键点的切线类型，如图1-32所示。

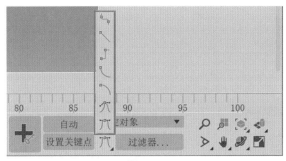

图1-32

1.4.6 "切线动作"工具栏

"切线动作"工具栏中包含的命令图标如图1-33所示。

图1-33

工具解析

- 显示切线切换 ▣：切换显示或隐藏切线，图1-34和图1-35所示为显示及隐藏切线后的曲线显示效果对比。

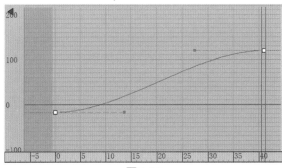

图1-34

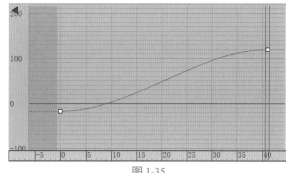

图1-35

- 断开切线 ▽：允许将两条切线（控制柄）连接到一个关键点，使其能够独立移动，以便不同的运动能够进出关键点。
- 统一切线 ▽：如果切线是统一的，按任意方向移动控制柄，从而使控制柄之间保持最小角度。
- 锁定切线切换 ▣：单击该按钮可以锁定切线。

1.4.7 "缓冲区曲线"工具栏

"缓冲区曲线"工具栏中包含的命令图标如图1-36所示。

图1-36

工具解析

- 使用缓冲区曲线 ▣：切换是否在移动曲线/切线时创建原始曲线的重影图像。
- 显示/隐藏缓冲区曲线 ▣：切换显示或隐藏缓冲区（重影）曲线。
- 与缓冲区交换曲线 ▣：交换曲线与缓冲区（重影）曲线的位置。
- 快照 ▣：将缓冲区（重影）曲线重置到曲线的当前位置。
- 还原为缓冲区曲线 ▣：将曲线重置到缓冲区（重影）曲线的位置。

1.4.8 "轨迹选择"工具栏

"轨迹选择"工具栏中包含的命令图标如图1-37所示。

图1-37

工具解析

- 缩放选定对象 ▣：将当前选定对象放置在控

制器窗口中"层次"列表的顶部。

- **按名称选择** ：通过在可编辑字段中输入轨迹名称，可以高亮显示"控制器"窗口中的轨迹。

- **过滤器 - 选定轨迹切换** ：启用此选项后，"控制器"窗口仅显示选定轨迹。

- **过滤器 - 选定对象切换** ：启用此选项后，"控制器"窗口仅显示选定对象的轨迹。

- **过滤器 - 动画轨迹切换** ：启用此选项后，"控制器"窗口仅显示带有动画的轨迹。

- **过滤器 - 活动层切换** ：启用此选项后，"控制器"窗口仅显示活动层的轨迹。

- **过滤器 - 可设置关键点轨迹切换** ：启用此选项后，"控制器"窗口仅显示可设置关键点的轨迹。

- **过滤器 - 可见对象切换** ：启用此选项后，"控制器"窗口仅显示包含可见对象的轨迹。

- **过滤器 - 解除锁定属性切换** ：启用此选项后，"控制器"窗口仅显示未锁定其属性的轨迹。

1.4.9 "控制器"窗口

"控制器"窗口能显示对象名称和控制器轨迹，还能确定哪些曲线和轨迹可以用来进行显示和编辑。用户可以根据需要使用层级列表在控制器窗口中展开和重新排列层级列表项。在轨迹视图"显示"菜单中也可以找到一些导航工具。默认行为是仅显示选定的对象轨迹。使用"手动导航"模式，可以单独折叠或展开轨迹，或者按住 Alt 键右击，可以显示另一个菜单来折叠和展开轨迹，如图 1-38 所示。

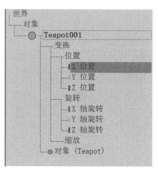

图 1-38

第 2 章

关键帧动画

中文版 3ds Max 2023 是 Aufoolesk 公司出品的旗舰级别动画软件，旨在为广大三维动画师提供功能丰富、强大的动画工具来制作优秀的动画作品。该软件中的大部分参数均可设置关键帧动画，本书从关键帧动画的设置开始讲解，通过制作一些简单的实例来带领读者由浅入深，一步一步地学习该软件动画方面的有关知识。本章先从简单的几何体运动动画开始介绍，需要注意的是，每一个实例所涉及的动画命令都不一样。

2.1
实例：木箱翻滚动画

本实例将使用关键帧动画技术为对象的旋转属性设置关键帧，来制作一个正方体形状的木箱子在地上翻滚的动画效果，图 2-1 所示为本实例的动画完成渲染效果。

图 2-1（续）

图 2-1

01 启动中文版 3ds Max 2023 软件，打开配套资源文件"木箱子 .max"，里面有一个设置好了材质的木箱子模型，如图 2-2 所示。

02 选择场景中的木箱子模型，可以看到其坐标轴位于模型底部的中心位置处，如图 2-3 所示。

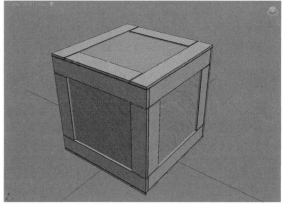

图 2-2

图 2-3

03 将光标放置到"主工具栏"上的"捕捉开关"按钮上并右击，如图 2-4 所示。

图 2-4

04 在弹出的"栅格和捕捉设置"对话框中勾选"顶点"复选框，如图 2-5 所示。

图 2-5

05 单击"主工具栏"上的"捕捉开关"按钮，如图 2-6 所示。

图 2-6

06 在"层次"面板中单击"仅影响轴"按钮，使其处于背景色为蓝色的按下状态，如图 2-7 所示。

图 2-7

07 在"透视"视图中调整木箱子模型的坐标轴至图 2-8 所示位置处。

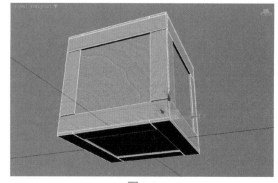

图 2-8

08 设置完成后，再次单击"仅影响轴"按钮，使其处于未按下状态，如图 2-9 所示。

图 2-9

09 单击"主工具栏"上的"角度捕捉切换"按钮，如图 2-10 所示。

图 2-10

10 单击软件界面下方右侧的"自动"按钮，使其处于背景色为红色的按下状态，如图 2-11 所示。

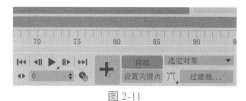

图 2-11

技巧与提示 ❖

"自动"按钮的快捷键是N。

11 在 20 帧位置处，旋转木箱子的角度至图 2-12 和图 2-13 所示。动画制作完成后，再次单击"自动"按钮，关闭自动关键点模式。

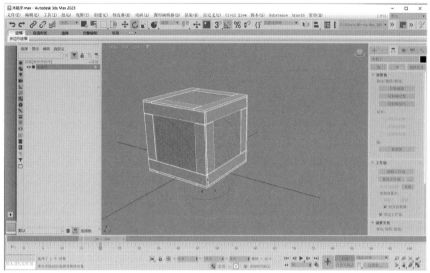

图 2-12

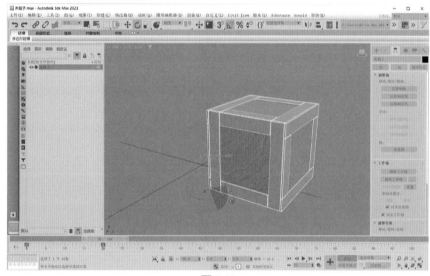

图 2-13

技巧与提示 ❖

　　选择木箱子模型，执行"视图"|"显示重影"命令，可以看到木箱子的动画重影效果如图2-14所示。

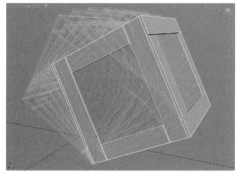

图 2-14

　　⓬ 在"修改"面板中，为木箱子模型添加"X 变换"修改器，并单击"中心"子层级，如图2-15所示。

图 2-15

　　⓭ 在"透视"视图中调整"X 变换"修改器的"中心"位置至图2-16所示。

11

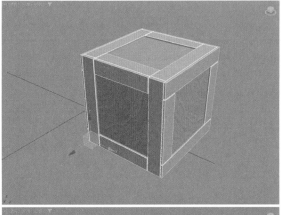

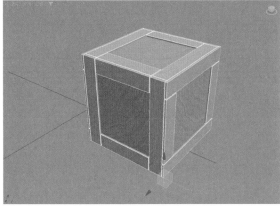

图 2-16

14 设置完成后，在"修改"面板中单击 Gizmo 子层级，如图 2-17 所示。

图 2-17

15 单击软件界面下方右侧的"自动"按钮，使其处于背景色为红色的按下状态，如图 2-18 所示。

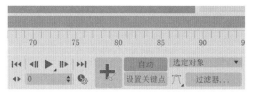

图 2-18

16 在 40 帧位置处，旋转木箱子 Gizmo 的角度至图 2-19 和图 2-20 所示。动画制作完成后，再次单击"自动"按钮，关闭自动关键点模式。

17 单击"主工具栏"上的"曲线编辑器"按钮，如图 2-21 所示。打开"曲线编辑器"面板。

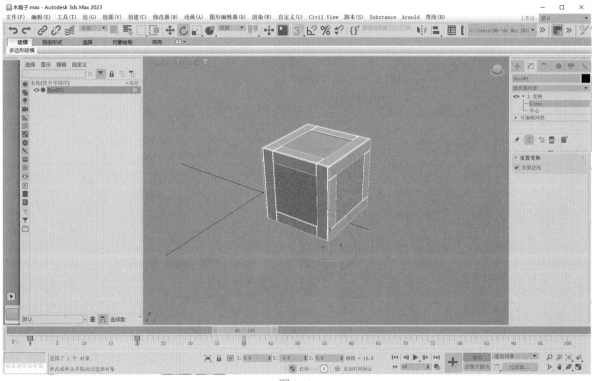

图 2-19

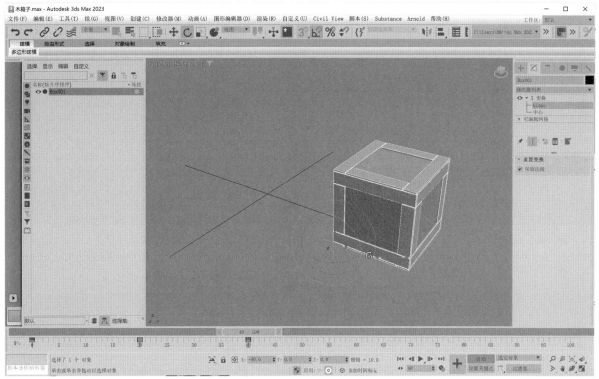

图 2-20

18 在"曲线编辑器"面板左侧找到"X 变换"修改器 Gizmo"旋转"下方的"X 轴旋转""Y 轴旋转""Z 轴旋转"属性,并查看其动画曲线,如图 2-22 所示。

19 选择如图 2-23 所示的关键点,将其从 0 帧调整至 20 帧位置处,如图 2-24 所示。

图 2-21

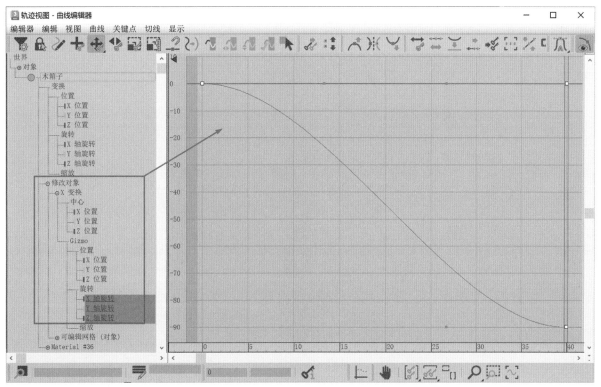

图 2-22

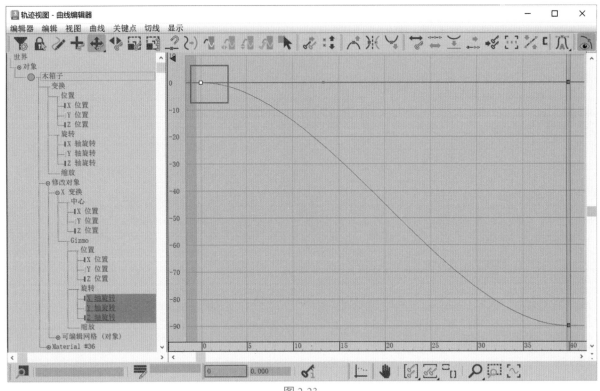

图 2-23

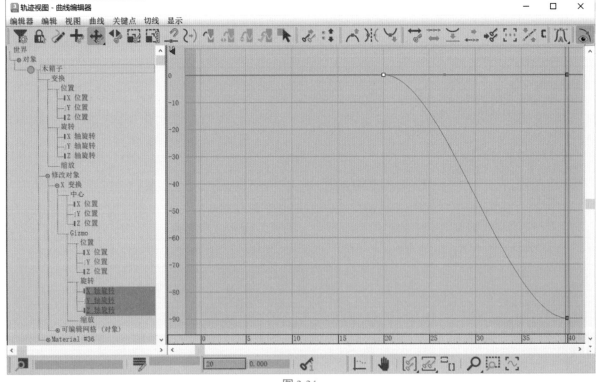

图 2-24

 设置完成后,播放场景动画,即可看到木箱子的翻滚动画效果如图 2-25 所示。

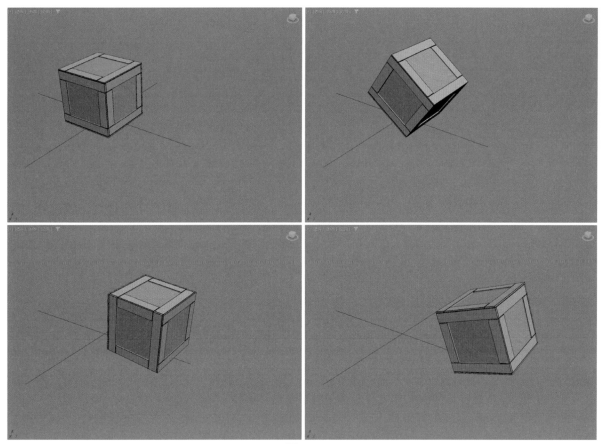

图 2-25

技巧与提示 ❖

这个动画的制作技巧在于如何使用"X变换"修改器为一个对象设置用于旋转的轴心点,用户可以举一反三,制作出木箱子往两侧翻滚的动画效果。

2.2
实例:曲线运动动画

本实例将使用关键帧动画技术制作一个玩具小鸭模型在运动中绕过障碍物的曲线运动动画效果,图 2-26所示为本实例的动画完成渲染效果。

图 2-26

图 2-26（续）

01 启动中文版 3ds Max 2023 软件，打开配套资源文件"玩具小鸭.max"，里面有一个小鸭形状的玩具模型和 2 个路障玩具模型，如图 2-27 所示。

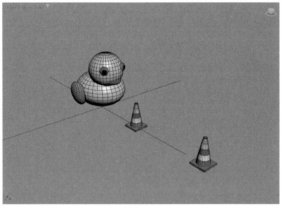

图 2-27

02 在场景中选择玩具小鸭模型，如图 2-28 所示。

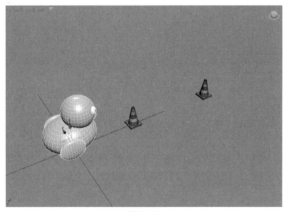

图 2-28

03 单击软件界面下方右侧的"自动"按钮，使其处于背景色为红色的按下状态，如图 2-29 所示。

图 2-29

04 在 60 帧位置处，移动玩具小鸭的位置至图 2-30 所示。

图 2-30

05 动画制作完成后，再次单击软件界面下方右侧的"自动"按钮，使其处于未按下时的状态，如图 2-31 所示。

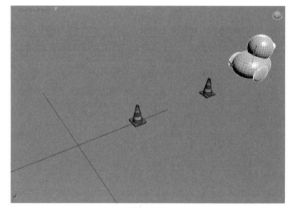

图 2-31

06 选择玩具小鸭模型，单击"运动"面板中的"运动路径"按钮，如图 2-32 所示，即可在视图中显示出玩具小鸭的运动轨迹，如图 2-33 所示。从动画效果上看，玩具小鸭现在沿直线进行运动并且会穿过场景中的 2 个路障模型。

图 2-32

07 在"运动"面板中单击"子对象"按钮，如图 2-34 所示。

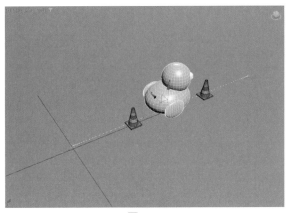

图 2-33

图 2-34

08 在场景中以框选的方式选择图 2-35 所示的关键点，并沿 X 轴调整其位置至图 2-36 所示，更改玩具小鸭的运动路径，使其绕过第 1 个路障模型。

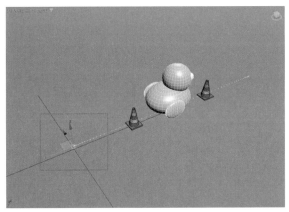

图 2-35

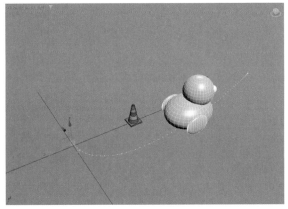

图 2-36

09 在场景中以框选的方式选择图 2-37 所示的关键点，并沿 X 轴调整其位置至图 2-38 所示，更改玩具小鸭的运动路径，使其绕过第 2 个路障模型。

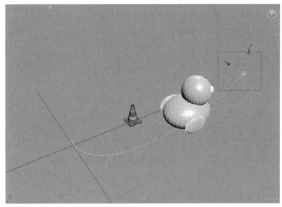

图 2-37

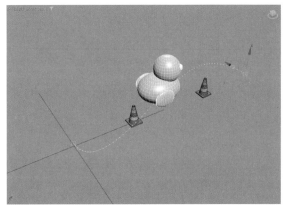

图 2-38

10 重复以上操作，调整玩具小鸭的运动路径，使其在前进的过程中绕过场景中的 2 个路障玩具模型，如图 2-39 所示。

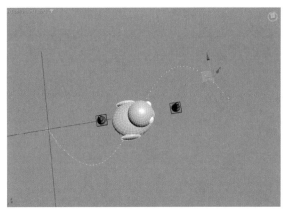

图 2-39

11 单击软件界面下方右侧的"自动"按钮，使其处于背景色为红色的按下状态，如图 2-40 所示。

12 在 0 帧位置处，调整玩具小鸭的方向至图 2-41 所示。

图 2-40

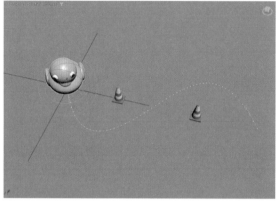

图 2-41

13 在 30 帧位置处，调整玩具小鸭的方向至图 2-42 所示。

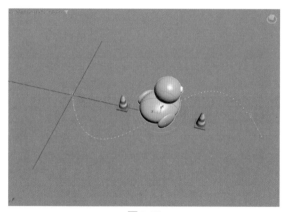

图 2-42

14 在 60 帧位置处，调整玩具小鸭的方向至图 2-43 所示。

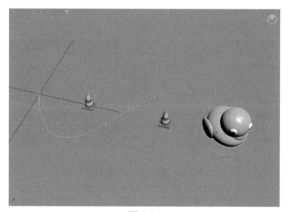

图 2-43

15 设置完成后，播放场景动画，可以看到玩具小鸭

模型在运动的过程中会绕过场景中的 2 个路障模型，如图 2-44 所示。

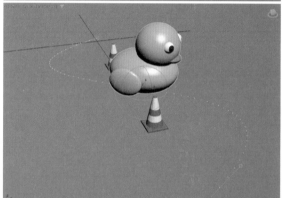

图 2-44

技巧与提示 ✥

　　本实例通过调整对象的关键点制作出了一个物体曲线运动的动画效果。在后面的章节中，还会讲解使用"路径约束"命令来制作出类似的动画效果。

2.3
实例：排球弹跳动画

　　本实例将使用关键帧动画技术制作一个排球在地面上弹跳的动画效果，图 2-45 所示为本实例的动画完成渲染效果。

图 2-45

01 启动中文版 3ds Max 2023 软件，打开配套资源文件"排球 .max"，里面有一个排球模型，如图 2-46 所示。

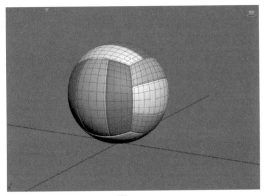

图 2-46

02 在 0 帧位置处，设置小球的坐标位置为（0,0,85），如图 2-47 所示。

03 单击软件界面下方右侧的"自动"按钮，使其处于背景色为红色的按下状态，如图 2-48 所示。

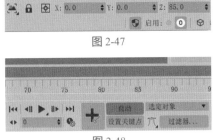

图 2-47

图 2-48

04 在 15 帧位置处，设置小球的坐标位置为（45,0,10），如图 2-49 所示。设置完成后，可以看到 0 帧和 15 帧位置处会出现红色的关键帧标记，如图 2-50 所示。

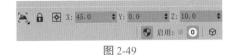

图 2-49

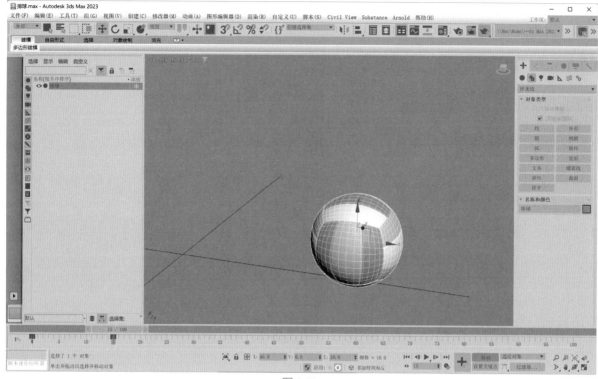

图 2-50

05 在35帧位置处，设置小球的坐标位置为（100,0,10），如图2-51所示。

图 2-51

06 回到25帧位置处，设置小球的坐标位置为（72,0,40），如图2-52所示。

图 2-52

07 在50帧位置处，设置小球的坐标位置为（150,0,10），如图2-53所示。

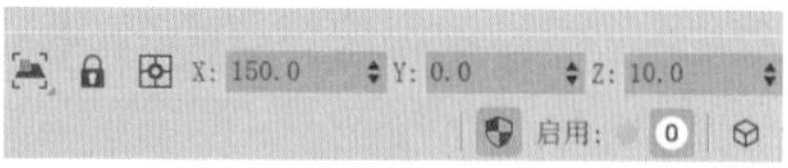

图 2-53

08 回到43帧位置处，设置小球的坐标位置为（127,0,25），如图2-54所示。

图 2-54

09 在60帧位置处，设置小球的坐标位置为（175,0,10），如图2-55所示。

10 回到55帧位置处，设置小球的坐标位置为

（163,0,18），如图2-56所示。

图 2-55

图 2-56

11 在70帧位置处，设置小球的坐标位置为（200,0,10），如图2-57所示。

图 2-57

12 回到65帧位置处，设置小球的坐标位置为（188,0,13），如图2-58所示。

图 2-58

13 在100帧位置处，设置小球的坐标位置为（275,0,10），如图2-59所示，并旋转小球的角度至图2-60所示。

图 2-59

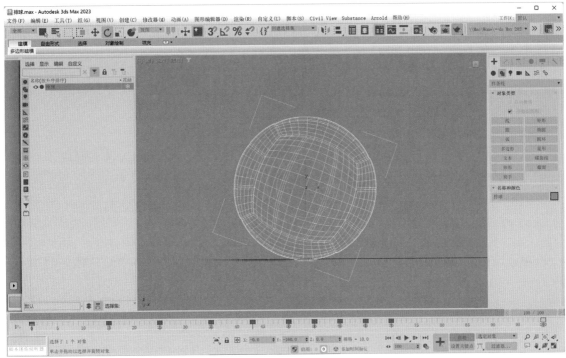

图 2-60

14 设置完成后，按 N 键关闭自动记录关键帧功能。在"运动"面板中单击"运动路径"按钮，如图 2-61 所示。

15 制作好的动画关键帧和球体的运动轨迹如图 2-62 所示。

图 2-61

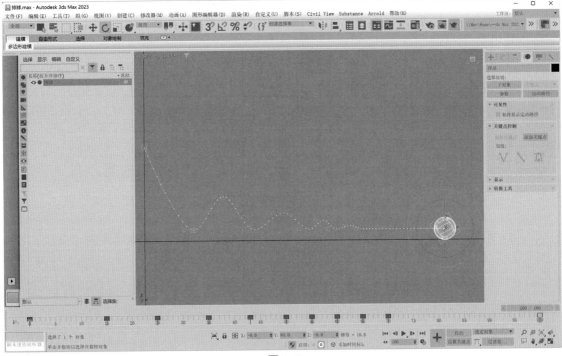

图 2-62

16 单击"主工具栏"上的"曲线编辑器"按钮，如图 2-63 所示。

17 在打开的"轨迹视图 - 曲线编辑器"面板中选择"Y 轴旋转"属性，将其位于 100 帧的关键点值设置为 1500，如图 2-64 所示。

18 选择"Z 位置"属性上如图 2-65 所示的关键点，

单击"将切线设置为快速"按钮，如图 2-66 所示，更改小球的动画曲线形态。

图 2-63

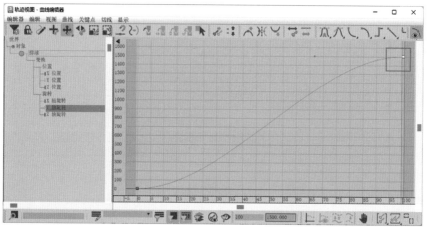

图 2-64

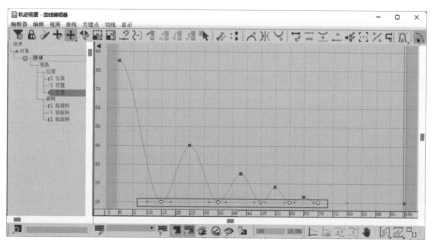

图 2-65

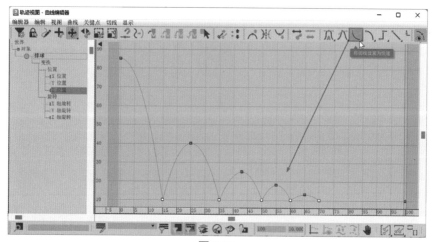

图 2-66

19 设置完成后，观察场景中小球的运动轨迹，可以看到该运动轨迹的形态也发生了对应的改变，如图 2-67 所示。

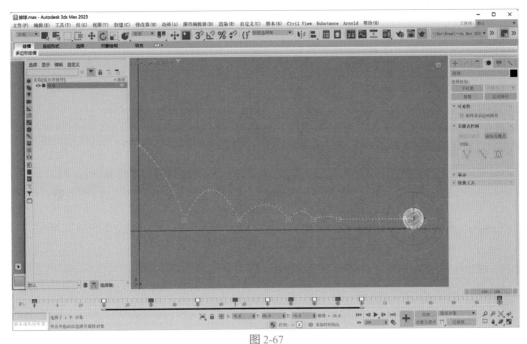

图 2-67

20 再次播放场景动画，会发现小球的运动效果要比之前自然了许多，本实例的最终动画完成效果如图 2-68 所示。

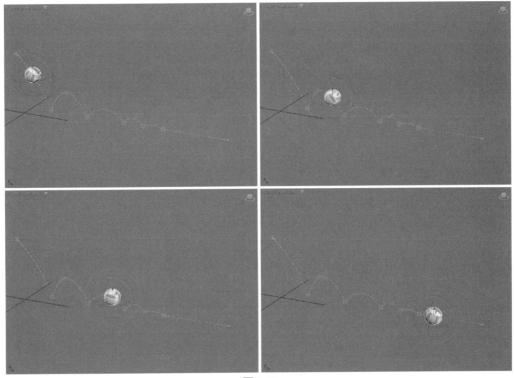

图 2-68

技巧与提示 ❖

　　播放动画的快捷键是？（问号）。

2.4
实例：弹簧翻滚动画

本实例将使用关键帧动画技术和曲线编辑器来制作一个弹簧模型向前翻滚的动画效果，图 2-69 所示为本实例的动画完成渲染效果。

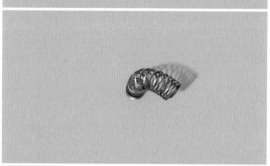

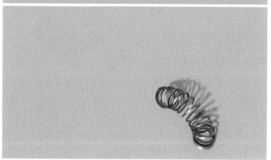

图 2-69

01 启动中文版 3ds Max 2023 软件，打开配套资源文件"弹簧 .max"，里面有一个弹簧模型，如图 2-70 所示。

02 选择场景中的弹簧模型，在"修改"面板中添加"弯曲"修改器，如图 2-71 所示。

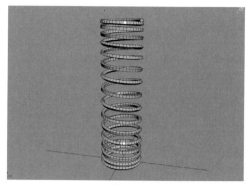

图 2-70

图 2-71

03 在 0 帧位置处，设置"弯曲"修改器的"角度"为 -180，如图 2-72 所示。

图 2-72

04 设置完成后，弹簧的视图显示效果如图 2-73 所示。

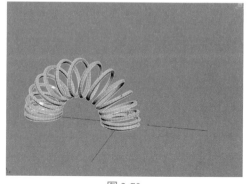

图 2-73

05 单击软件界面下方右侧的"自动"按钮，使其处于背景色为红色的按下状态，如图 2-74 所示。

06 在 10 帧位置处，设置"角度"为 180，如图 2-75 所示。

图 2-74　　　　　　　　　　图 2-75

07 设置完成后，弹簧的视图显示效果如图 2-76 所示。

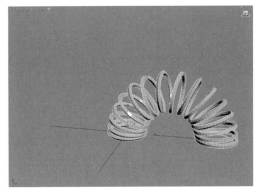

图 2-76

08 执行"视图"|"显示重影"命令，可以在视图中看到弹簧的弯曲动画效果，如图 2-77 所示。

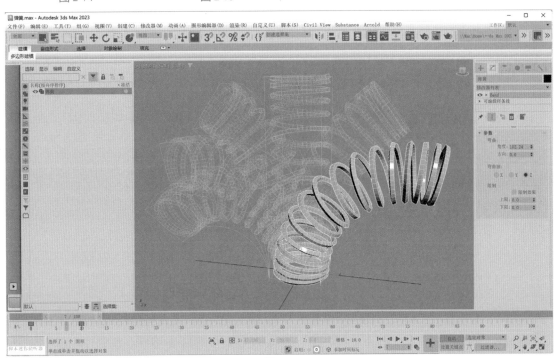

图 2-77

09 选择弹簧模型，右击并在弹出的快捷菜单中执行"曲线编辑器"命令，如图 2-78 所示。

10 在弹出的"轨迹视图 - 曲线编辑器"面板中的左侧找到"弯曲"修改器的"角度"属性，观察其动画曲线，并选择如图 2-79 所示的关键点。

11 在"轨迹视图 - 曲线编辑器"面板中单击"参数曲线超出范围类型"按钮，如图 2-80 所示。

12 在弹出的"参数曲线超出范围类型"对话框中选择"循环"选项，即可将所选择的动画曲线设置为"循环"播放，如图 2-81 所示。

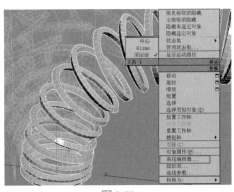

图 2-78

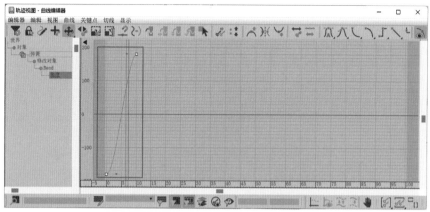

图 2-79

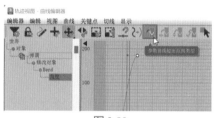

图 2-80

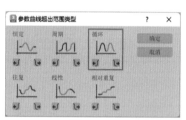

图 2-81

⓭ 设置完成后，在"轨迹视图 - 曲线编辑器"面板中"角度"参数的动画曲线显示效果如图 2-82 所示。

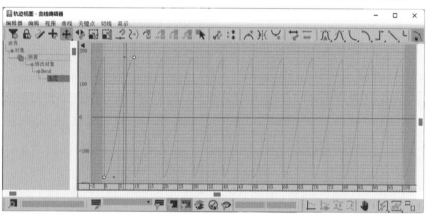

图 2-82

⓮ 选择场景中的弹簧模型，右击并在弹出的快捷菜单中执行"克隆"命令，如图 2-83 所示。

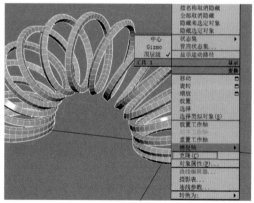

图 2-83

⓯ 在弹出的"克隆选项"对话框中选中"复制"单选按钮，如图 2-84 所示。单击"确定"按钮即可原地复制出一个弹簧模型。

图 2-84

⓰ 在 10 帧位置处，调整弹簧模型至图 2-85 所示位置处，调整时需注意，此时可以参考用户刚刚复制出来的弹簧模型。

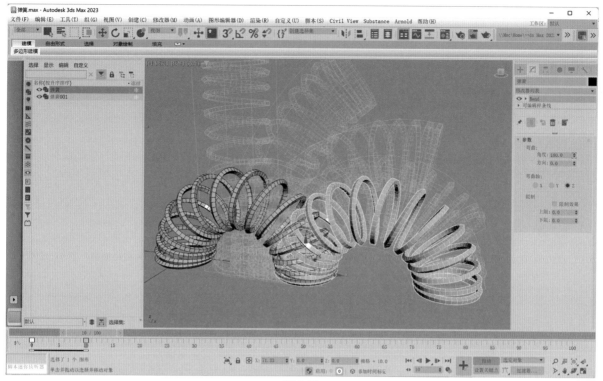

图 2-85

17 在"轨迹视图 - 曲线编辑器"面板的左侧找到弹簧模型的"X 位置"属性,观察其动画曲线,并选择如图 2-86 所示的关键点。

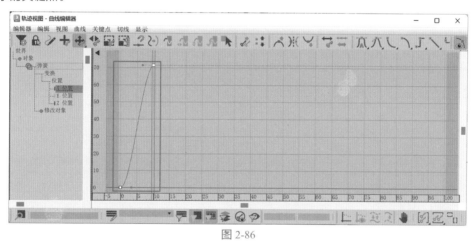

图 2-86

18 单击"将切线设置为阶梯式"按钮,如图 2-87 所示。

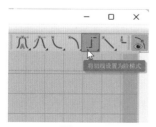

图 2-87

19 设置完成后,"轨迹视图 - 曲线编辑器"面板中

"X 位置"参数的动画曲线显示效果如图 2-88 所示。

20 在"轨迹视图 - 曲线编辑器"面板中单击"参数曲线超出范围类型"按钮,如图 2-89 所示。

21 在弹出的"参数曲线超出范围类型"对话框中选择"相对重复"选项,即可将所选择的动画曲线设置为"相对重复"播放,如图 2-90 所示。

22 设置完成后,删除场景中复制出来的弹簧模型。播放场景动画,本实例制作完成的动画效果如图 2-91 所示。

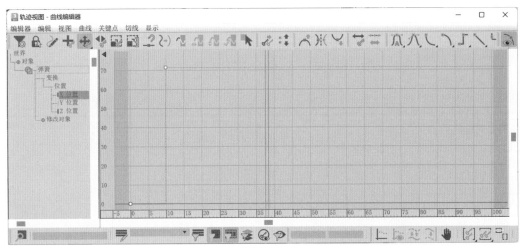

图 2-88

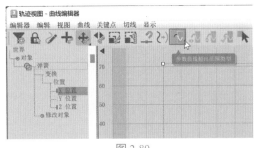

图 2-89

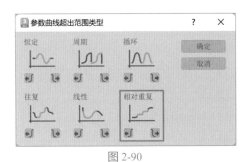

图 2-90

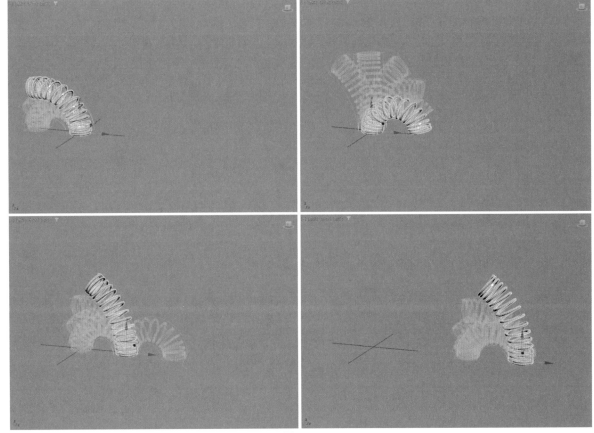

图 2-91

技巧与提示 ✦

动画制作完成后，可以单击视图左上角的+号，在弹出的菜单中执行"创建预览"|"创建预览动画"命令，如图2-92所示。

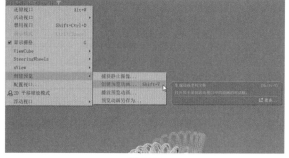

图 2-92

在弹出的"生成预览"对话框中，单击下方右侧的"创建"按钮，如图2-93所示，即可为动画文件创建视频预览动画。

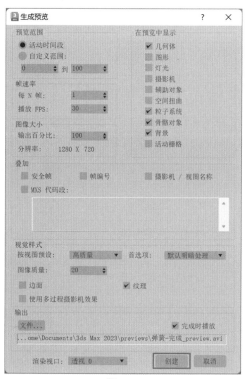

图 2-93

2.5
实例：制作翻书动画

本实例将使用"弯曲"修改器和关键帧动画技术制作一个翻书的动画效果，图2-94所示为本实例的动画完成渲染效果。

图 2-94

01 启动中文版 3ds Max 2023 软件，打开配套资源文件"书.max"，里面有一本书模型，如图 2-95 所示。

02 观察"场景资源管理器"面板，可以看到这本书实际上是由 3 个长方体模型拼凑而成，如图 2-96 所示。

03 选择场景中的图书封面模型，如图 2-97 所示。

04 在"层次"面板中，单击"仅影响轴"按钮，使其处于背景色为蓝色的按下状态，如图 2-98 所示。

05 在"透视"视图中调整其坐标轴的位置至图 2-99 所示。

图 2-95

图 2-96

图 2-97

图 2-98

06 设置完成后，再次单击"仅影响轴"按钮，使其处于未按下状态，如图 2-100 所示。

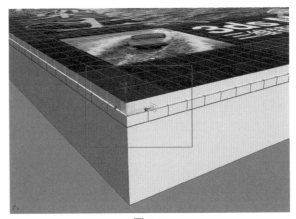

图 2-99

图 2-100

07 在"修改"面板中，为封面模型添加"弯曲"修改器，如图 2-101 所示。

图 2-101

08 单击软件界面下方右侧的"自动"按钮，使其处于背景色为红色的按下状态，如图 2-102 所示。

图 2-102

09 在 20 帧位置处，设置"角度"为 –90，"弯曲轴"为 X，如图 2-103 所示。

10 按 N 键关闭"自动关键点"模式。在"修改"面板中，单击"弯曲"修改器下的 Gizmo 命令，如图 2-104 所示。

图 2-103

图 2-104

11 在场景中调整 Gizmo 的方向至图 2-105 所示。

图 2-105

12 在"参数"卷展栏中勾选"限制效果"复选框，设置"上限"为 70，如图 2-106 所示。

图 2-106

13 设置完成后，封面模型的视图显示效果如图 2-107 所示。播放场景动画，可以看到图书封面微微掀开的动画就制作完成了。

14 在 10 帧位置处，右击"时间滑块"按钮，如图 2-108 所示。

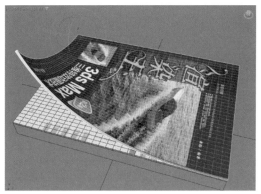

图 2-107

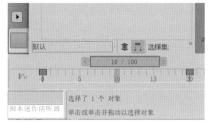

图 2-108

15 在弹出的"创建关键点"对话框中，仅勾选"旋转"复选框，单击"确定"按钮，如图 2-109 所示。

图 2-109

16 设置完成后，可以看到 10 帧位置处出现一个绿色的关键帧，如图 2-110 所示。

图 2-110

17 按 N 键打开自动关键点模式，在 50 帧位置处，旋转封面的角度至图 2-111 所示位置处。

18 在"修改"面板中，为图书封面模型再次添加一个"弯曲"修改器，如图 2-112 所示。

19 在 50 帧位置处，展开第二个"弯曲"修改器的"参数"卷展栏，设置"角度"为 -90，"弯曲轴"为 X，如图 2-113 所示。

20 设置完成后，封面模型的视图显示效果如图 2-114 所示。

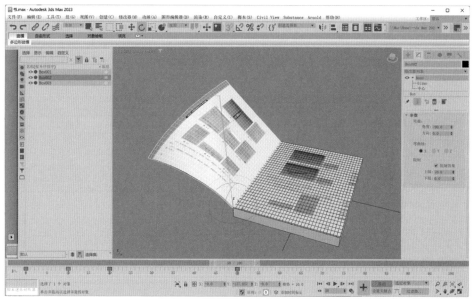

图 2-111

图 2-112

图 2-113

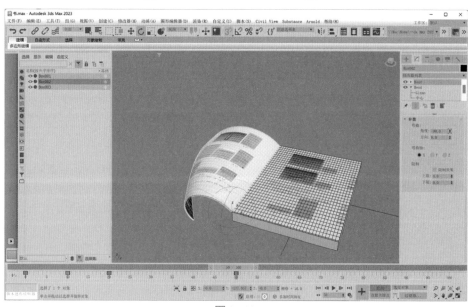

图 2-114

21 按 N 键关闭自动关键点模式。在"参数"卷展栏中勾选"限制效果"复选框，设置"上限"为 30，如图 2-115 所示。

图 2-115

22 设置完成后，封面模型的视图显示效果如图 2-116 所示。

23 按 N 键打开自动关键点模式，在 50 帧位置处，修改封面的角度至图 2-117 所示位置处。

24 在"修改"面板中，选择第一次添加的"弯曲"修改器，设置"角度"为 0，如图 2-118 所示。

25 按 N 键关闭自动关键点模式。播放场景动画，本实例制作完成的动画效果如图 2-119 所示。

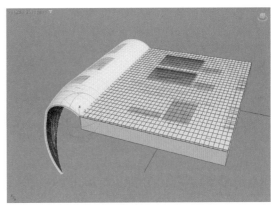

图 2-116

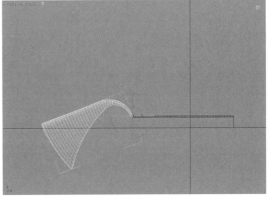

图 2-117

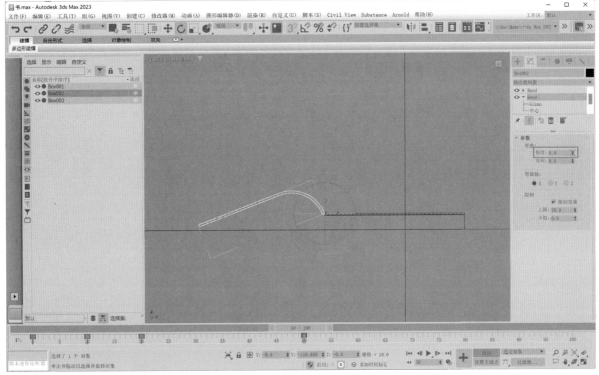

图 2-118

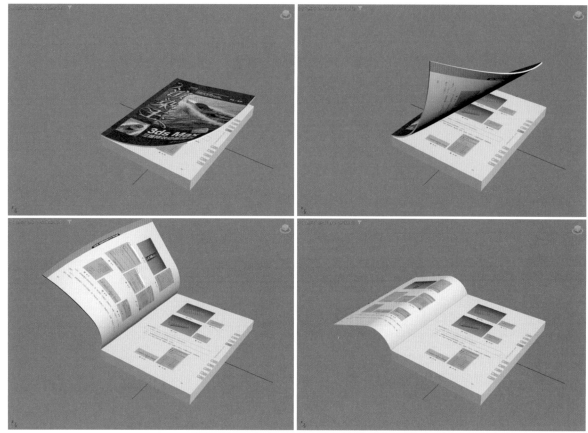

图 2-119

技巧与提示 ❖

　　通过本实例也可以看出，当用户要制作一本可以翻开的图书模型时，对模型是有一定的制作要求的，如果图书模型不需要有打开的动画效果，那么就没必要制作出图书的内页模型。

第 3 章——
控制器动画

  3ds Max 为用户提供了多种控制器用来控制物体的基本属性及修改器属性。本章一起来学习其中较为常用的控制器的使用方法。

3.1
实例：镜头震动动画

  当动画电影里出现地震、爆炸或是重物砸落的镜头时，画面如果也出现震动的效果则会带给观众更加真实的视觉体验。本实例将使用噪波控制器来制作一个镜头震动的动画效果，图 3-1 所示为本实例的动画完成渲染效果。

01 启动中文版 3ds Max 2023 软件，打开配套资源文件"地震 .max"，里面为一个设置好了材质和灯光的山地动画场景，如图 3-2 所示。

图 3-1（续）

图 3-1

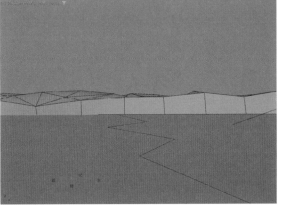

图 3-2

02 选择场景中右侧的地面模型，如图3-3所示。

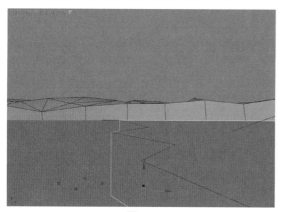

图3-3

03 在30帧位置处，右击"时间滑块"按钮，如图3-4所示。

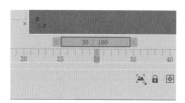

图3-4

04 在弹出的"创建关键点"对话框中仅勾选"位置"复选框，单击"确定"按钮，如图3-5所示。

05 设置完成后，可以看到30帧位置处会出现一个红色的关键帧，如图3-6所示。

图3-5

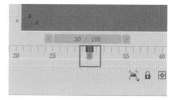

图3-6

06 单击软件界面下方右侧的"自动"按钮，使其处于背景色为红色的按下状态，如图3-7所示。

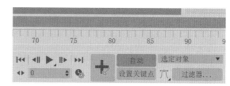

图3-7

07 在60帧位置处，调整所选择的地面模型位置至图3-8所示。制作出地面裂开的动画效果。制作完成后，再次单击软件界面下方右侧的"自动"按钮，使其处于未按下时的状态，关闭自动关键点模式。

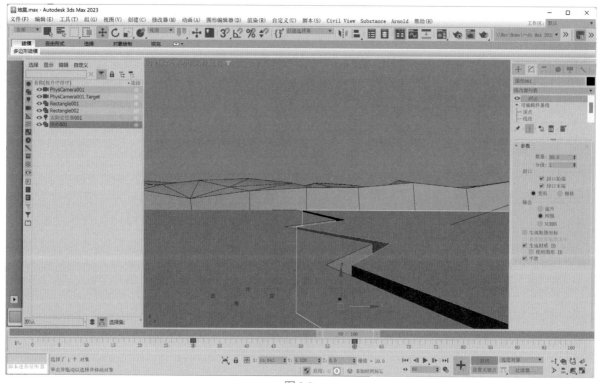

图3-8

08 在"创建"面板中单击"点"按钮，如图3-9所示。

图 3-9

09 在场景中任意位置处创建一个点对象，如图3-10所示。

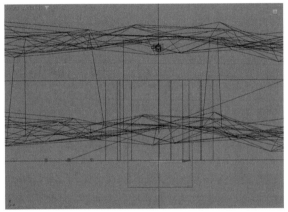

图 3-10

10 选择点对象，在"运动"面板中展开"指定控制器"卷展栏，选择"位置：位置XYZ"属性后，该属性背景色会显示为蓝色，再单击对号形状的"指定控制器"按钮，如图3-11所示。

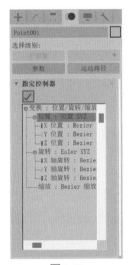

图 3-11

11 在弹出的"指定位置控制器"对话框中选择"噪波位置"控制器，如图3-12所示。

图 3-12

12 在弹出的"噪波控制器"对话框中，设置"X向强度""Y向强度""Z向强度"均为10，如图3-13所示。设置完成后，即可看到场景中的点对象随着时间的变化会出现随机的抖动效果。

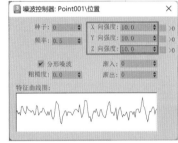

图 3-13

13 单击软件界面下方右侧的"自动"按钮，使其处于背景色为红色的按下状态，如图3-14所示。

图 3-14

14 在0帧位置处，设置"X向强度""Y向强度""Z向强度"均为0，如图3-15所示。

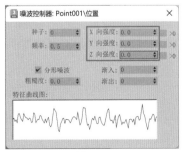

图 3-15

15 在 45 帧位置处，设置"X向强度""Y向强度""Z向强度"均为 15，如图 3-16 所示，并将 0 帧的关键帧调整到 20 帧位置处。

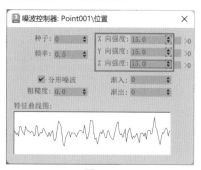

图 3-16

16 在 70 帧位置处，设置"X向强度""Y向强度""Z向强度"均为 0，如图 3-17 所示。再次单击软件界面下方右侧的"自动"按钮，使其处于未按下时的状态，关闭自动关键点模式。

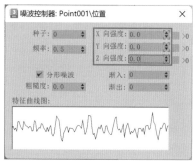

图 3-17

17 选择场景中的摄影机，单击"主工具栏"上的"选择并链接"按钮，如图 3-18 所示。

图 3-18

18 将摄影机链接至点对象上，如图 3-19 所示。

19 按 C 键切换至"摄影机"视图，如图 3-20 所示。一个镜头随着地面裂开的震动动画就制作完成了。

技巧与提示 ❖

　　制作这个镜头震动动画效果时，一定注意不要直接为摄影机指定噪波控制器，否则会失去已经设置好的摄影机拍摄角度。

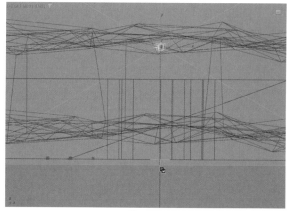

图 3-19

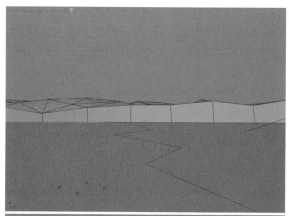

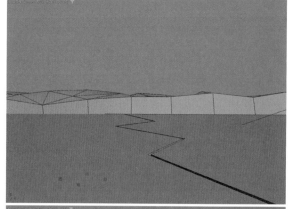

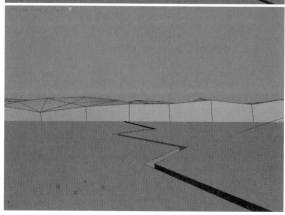

图 3-20

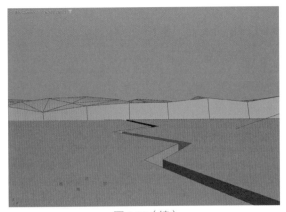

图 3-20（续）

3.2
实例：车轮滚动动画

本实例将使用表达式控制器来制作一个车轮的滚动动画效果，图 3-21 所示为本实例的动画完成渲染效果。

图 3-21

图 3-21（续）

01 启动中文版 3ds Max 2023 软件，打开配套资源文件"车轮.max"，里面有一个汽车车轮模型，如图 3-22 所示。

图 3-22

02 在"创建"面板中单击"圆"按钮，如图 3-23 所示。

图 3-23

03 在"左"视图创建一个与车轮模型大小相似的圆形，如图 3-24 所示。

04 选择圆形图形，单击"主工具栏"上的"快速对齐"按钮，如图 3-25 所示，将其对齐到车轮模型上。再沿 X 轴移动其位置至图 3-26 所示位置处。

05 选择车轮模型，单击"主工具栏"上的"选择并链接"按钮，如图 3-27 所示。将其链接至刚刚绘制完成的圆形图形上，如图 3-28 所示。

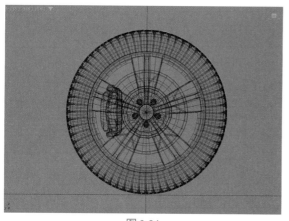

图 3-24

图 3-25

图 3-26

图 3-27

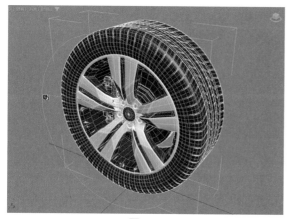

图 3-28

06 设置完成后，在"场景资源管理器"面板中观察设置好的链接关系，如图 3-29 所示。

图 3-29

07 选择圆形图形，在"运动"面板中展开"指定控制器"卷展栏，选择"Y 轴旋转"属性后，该属性背景色会显示为蓝色，再单击对号形状的"指定控制器"按钮，如图 3-30 所示。

图 3-30

08 在弹出的"指定浮点控制器"对话框中选择"浮点表达式"控制器，如图 3-31 所示。

图 3-31

09 在自动弹出的"表达式控制器"对话框中，创建一个"名称"为 A 的标量，如图 3-32 所示。

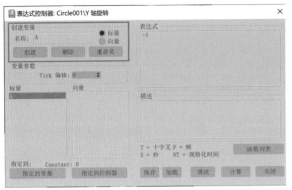

图 3-32

10 在"表达式控制器"对话框中，单击"指定到控制器"按钮，在弹出的"轨迹视图拾取"对话框中，将其指定为圆形图形的"半径"属性，如图 3-33 所示。

图 3-33

11 设置完成后，在"表达式控制器"对话框中可以看到 A 标量被成功设置后的显示状态，如图 3-34 所示。

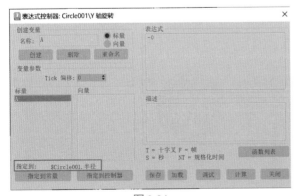

图 3-34

12 以同样的操作方式再次创建一个新的标量 B，如图 3-35 所示。

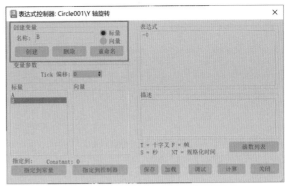

图 3-35

13 在"表达式控制器"对话框中，单击"指定到控制器"按钮，在弹出的"轨迹视图拾取"对话框中，将其指定为圆形图形的"Y 位置"属性，如图 3-36 所示。

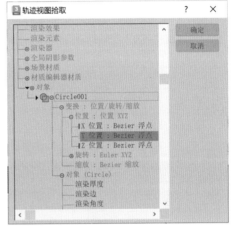

图 3-36

14 设置完成后，在"表达式控制器"对话框中也可以看到 B 变量被成功设置后的显示状态，如图 3-37 所示。

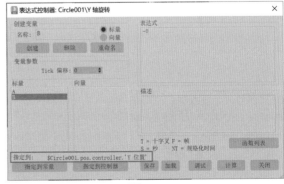

图 3-37

15 在"表达式"文本框内输入"-B/A"后，单击"计算"按钮，即可使输入的表达式被系统执行，如图 3-38 所示。

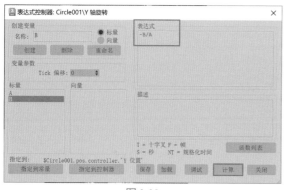

图 3-38

16 设置完成后，沿 Y 方向拖动圆形图形，即可看到车

轮模型会根据圆形图形的运动产生自然流畅的位移及旋转动画。单击软件界面下方右侧的"自动"按钮，使其处于背景色为红色的按下状态，如图 3-39 所示。

图 3-39

17 在 60 帧位置处，沿 Y 轴移动圆形图形的位置至图 3-40 所示。动画制作完成后，再次单击"自动"按钮，关闭自动关键点模式。

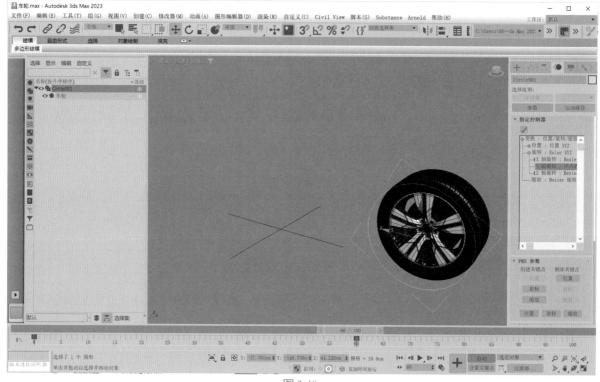

图 3-40

18 本实例的最终动画效果如图 3-41 所示。

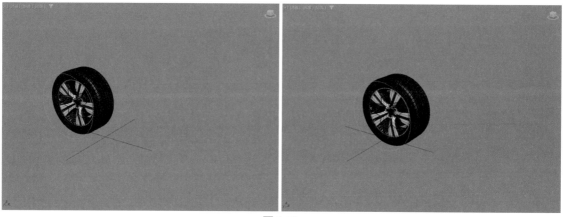

图 3-41

图 3-41（续）

图 3-42（续）

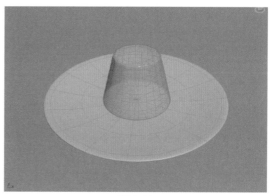

图 3-43

3.3
实例：果冻变形动画

本实例将使用弹簧控制器来制作一个果冻变形的动画效果，图 3-42 所示为本实例的动画完成渲染效果。

01 启动中文版 3ds Max 2023 软件，打开配套资源文件"果冻 .max"，里面有一个果冻模型和一个小盘子模型，如图 3-43 所示。

02 在"创建"面板中单击"点"按钮，如图 3-44 所示。在场景中任意位置处创建一个点对象。

图 3-42

图 3-44

03 选择点对象，单击"主工具栏"上的"快速对齐"按钮，如图 3-45 所示。

图 3-45

04 再单击场景中的果冻模型，即可将点对象对齐到果冻模型上，如图 3-46 所示。

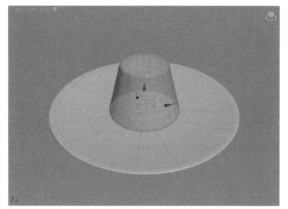

图 3-46

05 将点对象沿 Z 轴向上移动至图 3-47 所示位置处。

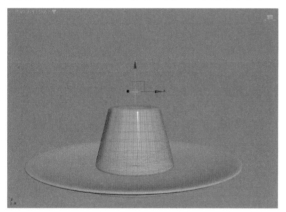

图 3-47

06 选择场景中的果冻模型，如图 3-48 所示。

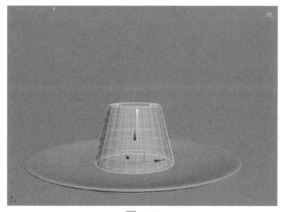

图 3-48

07 在"修改"面板中，单击"可编辑多边形"下方的"多边形"按钮，如图 3-49 所示。

图 3-49

08 选择果冻模型上如图 3-50 所示的面。

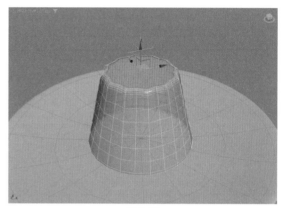

图 3-50

09 在"修改"面板中，展开"软选择"卷展栏，勾选"使用软选择"复选框，设置"衰减"为 50，如图 3-51 所示。

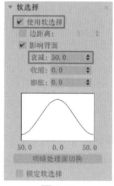

图 3-51

10 设置完成后，可以在视图中查看软选择所影响的面，如图 3-52 所示。

11 在"修改"面板中，为所选择的面添加"链接变换"修改器，如图 3-53 所示。

12 在"参数"卷展栏中，单击"拾取控制对象"按钮，如图 3-54 所示。拾取场景中的点对象，拾取完成后，点对象的名称会出现在控制对象的下方，如图 3-55 所示。

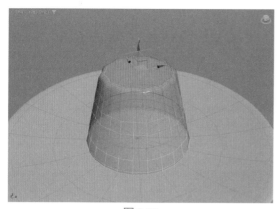

图 3-52

图 3-53

图 3-54　　　　　　图 3-55

13 设置完成后，果冻模型的视图显示效果如图 3-56 所示，可能会产生一定的变形。

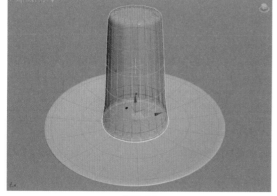

图 3-56

14 在场景中通过调整点对象的位置，使果冻模型恢复之前的效果，如图 3-57 所示。

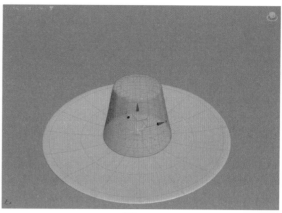

图 3-57

15 选择点对象，在"运动"面板中展开"指定控制器"卷展栏，选择"位置：位置 XYZ"属性后，该属性背景色会显示为蓝色，再单击对号形状的"指定控制器"按钮，如图 3-58 所示。

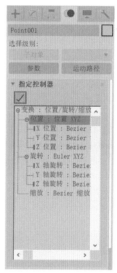

图 3-58

16 在弹出的"指定位置控制器"对话框中选择"弹簧"控制器，如图 3-59 所示。

17 在弹出的"弹簧"对话框中，设置"质量"为 2000，如图 3-60 所示。

18 选择场景中的点对象和果冻模型，单击"主工具栏"上的"选择并链接"按钮，如图 3-61 所示。将其链接至小盘模型，如图 3-62 所示。

技巧与提示❖

　　设置链接后，点对象的位置有可能会发生变动进而影响果冻模型的形态，这时需要再次手动调整点对象的位置。

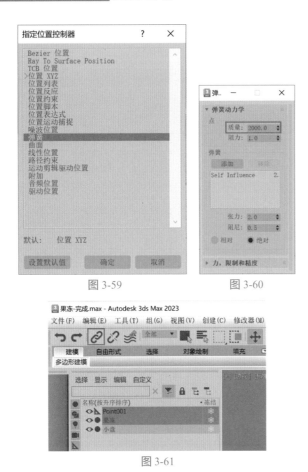

图 3-59   图 3-60

图 3-61

图 3-62

19 单击软件界面下方右侧的"自动"按钮，使其处于背景色为红色的按下状态，如图 3-63 所示。

图 3-63

20 在 20 帧位置处，调整小盘模型位置至图 3-64 所示。制作出小盘移动的动画效果。这时，可以看到随着小盘模型的移动，小盘上的果冻模型也会发生相应的形变。

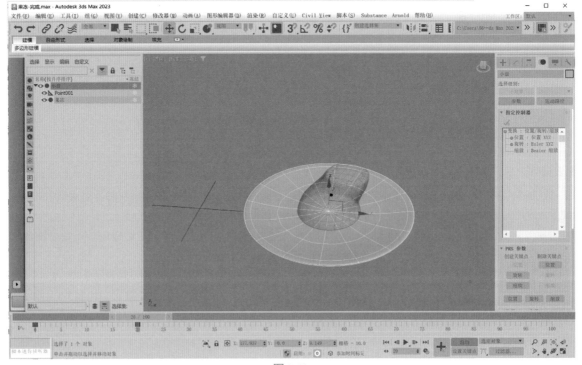

图 3-64

21 制作完成后，再次单击软件界面下方右侧的"自动"按钮，使其处于未按下时的状态，关闭自动关键点模式。

图 3-65

22 观察场景中的果冻变形效果，可以发现果冻的变形效果有点夸张。在场景中选择点对象，在"运动"面板中右击"位置：弹簧"，在弹出的快捷菜单中选择"属性"选项，如图 3-66 所示。

23 在弹出的"弹簧"对话框中，设置"质量"为600，如图 3-67 所示。

24 设置完成后，再次播放场景动画，本实例制作完成后的果冻变形效果如图 3-68 所示。

图 3-66   图 3-67

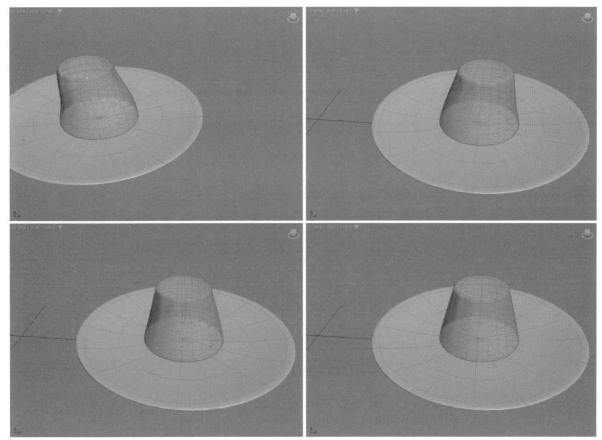

图 3-68

3.4
实例：齿轮旋转动画

本实例将使用表达式控制器来制作一个齿轮旋转的动画效果，图 3-69 所示为本实例的动画完成渲染效果。

01 启动中文版 3ds Max 2023 软件，打开配套资源文件"齿轮 .max"，里面有 2 个齿轮模型，如图 3-70 所示。

图 3-69

图 3-70

02 在"创建"面板中单击"圆"按钮，如图 3-71 所示。

图 3-71

03 在"顶"视图中小齿轮位置处绘制一个等大的圆形图形，如图 3-72 所示。

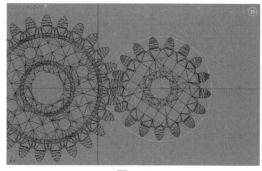

图 3-72

04 以同样的方式在大齿轮位置处也绘制一个等大的圆形图形，如图 3-73 所示。

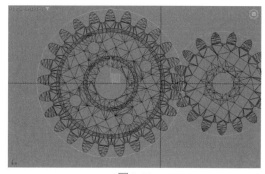

图 3-73

05 在场景中选择小齿轮模型，如图 3-74 所示。

图 3-74

06 在"层次"面板的"锁定"卷展栏中勾选"旋转"选项中的 X 和 Y 复选框,如图 3-75 所示。

图 3-75

07 在场景中选择大齿轮模型,如图 3-76 所示。

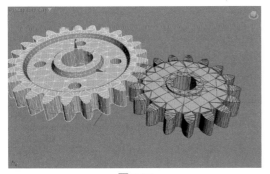

图 3-76

08 在"运动"面板中展开"指定控制器"卷展栏,选择"Z 轴旋转"属性后,该属性背景色会显示为蓝色,再单击对号形状的"指定控制器"按钮,如图 3-77 所示。

09 在弹出的"指定浮点控制器"对话框中选择"浮点表达式"控制器,如图 3-78 所示。

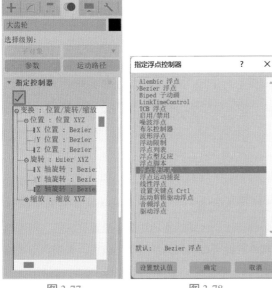

图 3-77   图 3-78

10 在自动弹出的"表达式控制器"对话框中,创建

一个"名称"为 A 的标量,如图 3-79 所示。

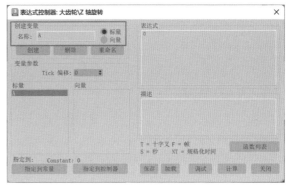

图 3-79

11 在"表达式控制器"对话框中,单击"指定到控制器"按钮,在弹出的"轨迹视图拾取"对话框中,将其指定为小齿轮模型的"Z 轴旋转"属性,如图 3-80 所示。

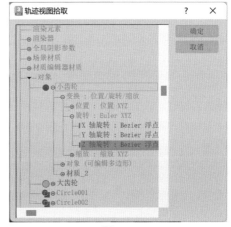

图 3-80

12 设置完成后,在"表达式控制器"对话框中可以看到 A 标量被成功设置后的显示状态,如图 3-81 所示。

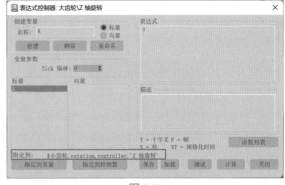

图 3-81

13 选择小齿轮附近的圆形图形,如图 3-82 所示。

14 在"修改"面板中,观察其"半径"值,如图 3-83 所示。将其记录下来。

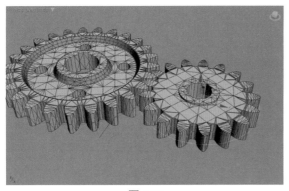

图 3-82

图 3-83

15 选择大齿轮附近的圆形图形，如图 3-84 所示。

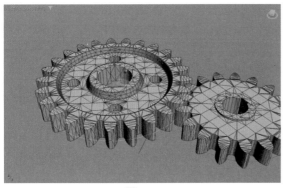

图 3-84

16 在"修改"面板中，观察其"半径"值，如图 3-85 所示。将其记录下来。

图 3-85

17 在"表达式控制器"对话框中的"表达式"文本框内输入"-57.781*A/82.037"，并单击该对话框下方右侧的"计算"按钮，如图 3-86 所示。注意，这个表达式之中的两个值分别为刚刚观察到的 2 个圆形图形的半径，也就是代表了 2 个齿轮模型的半径。

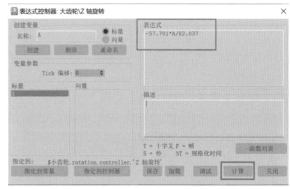

图 3-86

18 设置完成后，旋转小齿轮模型时，即可看到大齿轮模型也会产生相应的旋转动画效果，如图 3-87 所示。

图 3-87

19 单击软件界面下方右侧的"自动"按钮，使其处于背景色为红色的按下状态，如图 3-88 所示。

图 3-88

20 在 30 帧位置处，旋转小齿轮的方向至图 3-89 所示。制作出小齿轮的旋转动画。设置完成后，再次单击软件界面下方右侧的"自动"按钮，关闭自动关键点模式。

21 本实例最终制作完成的动画效果如图 3-90 所示。

图 3-89

图 3-90

第 4 章
绑定动画

　　一些较为复杂的模型在建模时，常常需要分开制作再拼凑而成，例如建模师在制作汽车模型时，可能需要先制作出汽车车身模型，再制作轮胎模型、车灯模型、方向盘模型等，最后再将这些零件摆放在一起，形成一辆完整的汽车。在制作汽车行驶动画前，动画师则会先将这些个模型通过多个约束命令进行绑定操作，这样可以让后期的动画制作及修改变得较为简单，大大提高动画工作的效率。本章就一起来学习绑定动画的制作方法。

4.1
实例：坦克履带动画

　　本实例通过制作坦克履带动画来讲解绑定的基本设置技巧及注意事项，图 4-1 所示为本实例的动画完成渲染效果。

图 4-1（续）

4.1.1　制作坦克图形控制器

01 启动中文版 3ds Max 2023 软件，打开配套资源文件"坦克 .max"，里面有一个坦克模型，如图 4-2 所示。

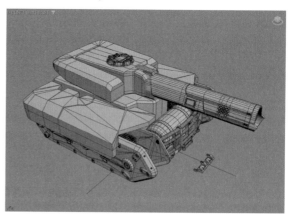

图 4-2

02 在"场景资源管理器"面板中，可以看到这个坦克模型由 3 个模型组成，如图 4-3 所示。

03 选择坦克车身模型，如图 4-4 所示。

04 在"修改"面板中，单击"可编辑多边形"下方的"边"按钮，如图 4-5 所示。

图 4-1

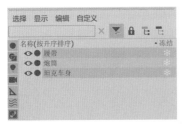

图 4-3

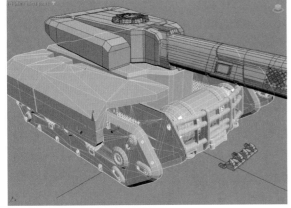

图 4-4

图 4-5

05 在场景中选择如图 4-6 所示的边线。

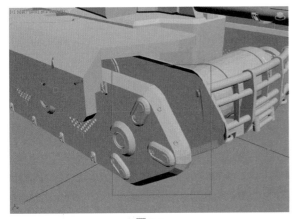

图 4-6

06 在"编辑边"卷展栏中,单击"利用所选内容创建图形"按钮,如图 4-7 所示。

07 在弹出的"创建图形"对话框中,设置"图形类型"为"线性",如图 4-8 所示。

图 4-7

图 4-8

08 单击"创建图形"对话框下方的"确定"按钮,即可在场景中根据所选模型的边线创建一条新的曲线,如图 4-9 所示。

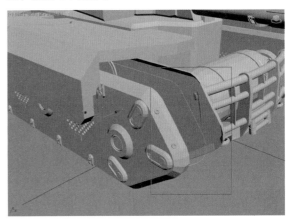

图 4-9

09 选择曲线,在"层次"面板中,先单击"仅影响轴"按钮,使其呈现蓝色按下的状态后,再单击"居中到对象"按钮,更改曲线的坐标轴,如图 4-10所示。

图 4-10

⑩ 在"创建"面板中，单击"圆"按钮，如图4-11所示。

图4-11

⑪ 在"左"视图中任意位置处创建一个任意大小的圆形图形，如图4-12所示。

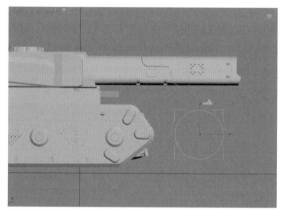

图4-12

⑫ 选择圆形图形，单击"主工具栏"上的"快速对齐"按钮，如图4-13所示。将其对齐到坦克履带处的曲线位置，如图4-14所示。

图4-13

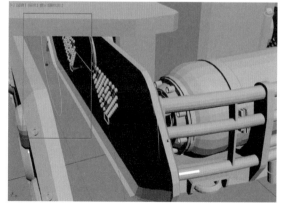

图4-14

⑬ 选择圆形图形，右击并在弹出的快捷菜单中执行"转换为"|"转换为可编辑样条线"命令，如图4-15所示。

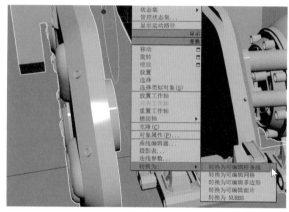

图4-15

⑭ 再次右击并在弹出的快捷菜单中执行"附加"命令，如图4-16所示，对场景中履带位置处的曲线进行附加操作。

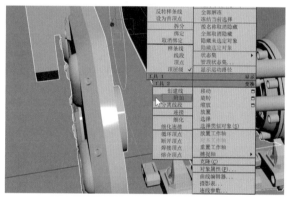

图4-16

⑮ 设置完成后，选择圆形图形，如图4-17所示，将其删除，只保留履带曲线图形，如图4-18所示。

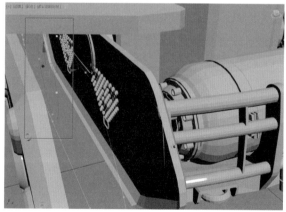

图4-17

⑯ 在"修改"面板中，为履带图形曲线添加"规格化样条线"修改器，并设置"分段长度"为5，如图4-19所示。

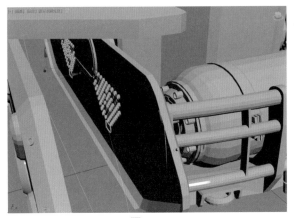

图 4-18

图 4-19

技巧与提示 ✤

　　为曲线添加"规格化样条线"修改器是为了使曲线上的顶点分布较为均匀,这样模型通过"路径变形"修改器进行变形时不会出现较为明显的拉伸现象。

17 在"渲染"卷展栏中,勾选"在视口中启用"复选框,并更改图形的名称为"坦克控制器",设置其颜色为较为醒目的黄色,如图 4-20 所示。

图 4-20

18 设置完成后,坦克控制器的视图显示效果如图 4-21 所示。

19 由于"坦克控制器"本身具有材质,所以需要删除其材质,才能在视图中显示出刚刚设置的黄色。选

择"坦克控制器",单击"实用程序"面板中的"更多"按钮,如图 4-22 所示。

图 4-?1

图 4-22

20 在弹出的"实用程序"对话框中,选择"UVW 移除"选项,单击"确定"按钮,如图 4-23 所示。

图 4-23

21 在"参数"卷展栏中,单击"材质"按钮,即可移除所选择对象的材质,如图 4-24 所示。

22 本实例中制作完成的坦克图形控制器最终视图显示效果如图 4-25 所示。

图 4-24

图 4-25

4.1.2 使用"路径变形"修改器制作坦克履带

01 选择场景中的坦克履带模型,如图 4-26 所示。

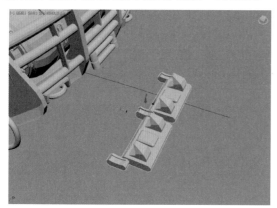

图 4-26

02 按 Shift 键,配合"移动"工具对履带模型进行复制,在弹出的"克隆选项"对话框中,设置"对象"为"复制","副本数"为 61,如图 4-27 所示。制作出完整的坦克履带模型,如图 4-28 所示。

图 4-27

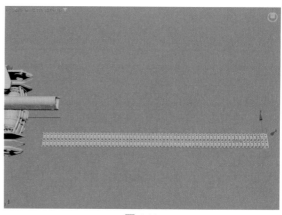

图 4-28

03 选择场景中的坦克履带模型,如图 4-29 所示。

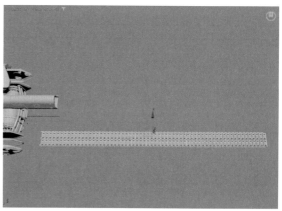

图 4-29

04 在"实用程序"面板中单击"塌陷"按钮,使其处于被按下的状态后,再单击"塌陷选定对象"按钮,如图 4-30 所示。将所选择的多个履带模型合并为一个整体。

05 选择坦克履带模型,为其添加"路径变形"修改器,如图 4-31 所示。

图 4-30

图 4-31

06 在"路径变形"卷展栏中,单击"无"按钮,如图 4-32 所示,再单击场景中对应的坦克控制器,设置完成后,"无"按钮的名称会更改为"坦克控制器",如图 4-33 所示。同时,坦克履带的视图显示效果如图 4-34 所示。

07 在"路径变形"卷展栏中，设置"拉伸"为1.003，"路径变形轴"为"Y"，勾选"翻转"复选框，"旋转：数量"为 -90°，如图 4-35 所示。

图 4-32

图 4-33

图 4-35

图 4-34

08 设置完成后，坦克履带的视图显示效果如图 4-36所示。

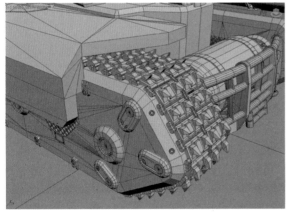
图 4-36

技巧与提示

微调"拉伸"值可以细微地调整坦克履带的接口部分，如图4-37所示为该值为默认值1和1.003的模型效果对比。

图 4-37

4.1.3 使用"浮点表达式"控制器绑定履带

01 执行"脚本"|"脚本侦听器"命令，打开"脚本侦听器"面板，如图 4-38 所示。

图 4-38

02 在"脚本侦听器"面板中的下方白色区域输入"curvelength $ 坦克控制器"，按 Enter 键，即可在下方得出场景中名称为"坦克控制器"的曲线长度，并且该值呈蓝色显示状态，如图 4-39 所示。

图 4-39

技巧与提示

使用curvelength 可以测量场景中的曲线长度。

03 选择场景中的炮筒模型和坦克车身模型，单击"主工具栏"上的"选择并链接"按钮，如图 4-40 所示。

图 4-40

04 将选择的模型链接至黄色的坦克控制器上，如图 4-41 所示。

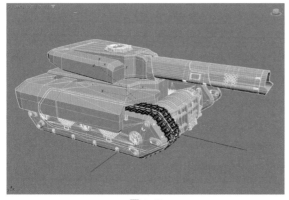

图 4-41

05 设置完成后，观察"场景资源管理器"面板，场景中各个模型的层级显示关系如图 4-42 所示。

图 4-42

06 单击软件界面下方右侧的"自动"按钮，使其处于背景色为红色的按下状态，如图 4-43 所示。

图 4-43

07 在 100 帧位置处，调整坦克控制器的位置至图 4-44 所示，可以看到整个坦克模型都会跟随黄色的坦克控制器进行移动。

08 选择场景中的履带模型，如图 4-45 所示。

09 在"路径变形"卷展栏中，设置"百分比"为 -20%，如图 4-46 所示。制作出坦克履带的变形动画效果。设置完成后，再次单击"自动"按钮，关闭自动关键点模式。

图 4-44

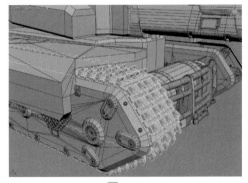

图 4-45

图 4-46

技巧与提示 ✦

这个"百分比"的值是随便设置的，不过可以看出来当该值为负数时，履带的运动方向是正确的，稍后将讲解如何使用表达式对其进行精确控制。

⑩ 单击"主工具栏"上的"曲线编辑器"按钮，如图 4-47 所示。

图 4-47

⑪ 在"轨迹视图 - 曲线编辑器"面板中的左侧位置处找到"路径变形"修改器下的"百分比"参数，并查看其动画曲线，如图 4-48 所示。

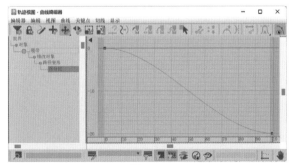

图 4-48

⑫ 将光标放置在"百分比"参数上，右击并在弹出的快捷菜单中执行"指定控制器"命令，如图 4-49 所示。

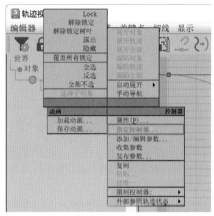

图 4-49

⑬ 在弹出的"指定浮点控制器"对话框中选择"浮点表达式"控制器，单击"确定"按钮，如图 4-50 所示。

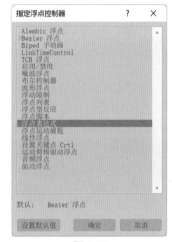

图 4-50

⑭ 在自动弹出的"表达式控制器"对话框中，创建一个"名称"为 A 的标量，如图 4-51 所示。

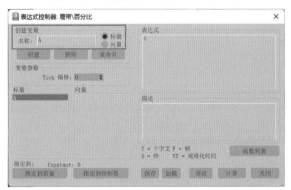

图 4-51

⑮ 在"表达式控制器"对话框中，单击下方的"指定到控制器"按钮，在弹出的"轨迹视图拾取"对话

框中，将其指定为坦克控制器的"Y 位置"属性，如图 4-52 所示。

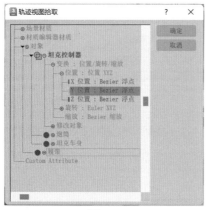

图 4-52

16 设置完成后，在"表达式控制器"对话框中可以看到 A 标量被成功设置后的显示状态，如图 4-53 所示。

图 4-53

17 在"表达式"文本框内输入"A/245.081*100"后，单击"计算"按钮，即可使得输入的表达式被系统执行，如图 4-54 所示。

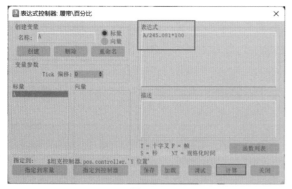

图 4-54

18 设置完成后，播放场景动画，即可看到随着坦克控制器的移动，坦克履带也会产生正确的滚动效果。

19 在"修改"面板中，为履带模型添加"对称"修改器，如图 4-55 所示。

20 在"对称"卷展栏中，设置"镜像轴"为 X，勾选"翻转"复选框，如图 4-56 所示。

图 4-55   图 4-56

21 调整镜像轴 X 方向的位置值为 0，制作出坦克另一侧的履带模型效果，如图 4-57 所示。

图 4-57

22 本实例的最终动画效果如图 4-58 所示。

技巧与提示 ❖

　　通过绑定设置，本实例最终只为坦克控制器设置了一个位移动画，履带动画则会根据坦克控制器的位置自动生成，不但节省了关键帧的设置还方便了后期制作的修改需要。

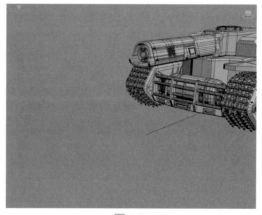

图 4-58

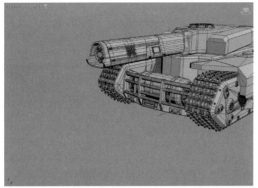

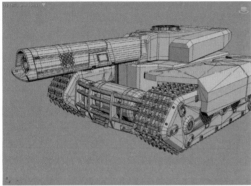

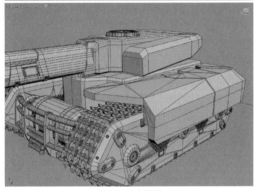

图 4-58（续）

4.1.4 使用 Curvature 制作磨损材质

01 选择场景中的坦克车身模型、炮筒模型和履带模型，按 M 键，在"材质编辑器"面板中为其指定一个新的物理材质，并命名为"绿色"，如图 4-59 所示。

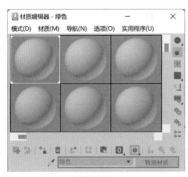

图 4-59

02 在"基本参数"卷展栏中，设置"基础颜色"为绿色，"粗糙度"为 0.4，如图 4-60 所示。其中，"基础颜色"的参数设置如图 4-61 所示。

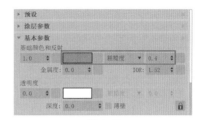

图 4-60

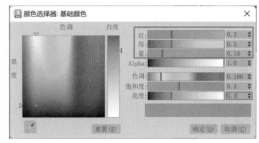

图 4-61

03 单击"材质编辑器"面板中的"物理材质"按钮，如图 4-62 所示。

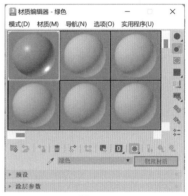

图 4-62

04 在弹出的"材质/贴图浏览器"对话框中，选择"混合"选项，并单击"确定"按钮，如图 4-63 所示。

图 4-63

05 在弹出的"替换材质"对话框中,保持默认选项,并单击"确定"按钮,如图 4-64 所示。

图 4-64

06 在"混合基本参数"卷展栏中,单击"材质 2"后面的按钮,如图 4-65 所示。

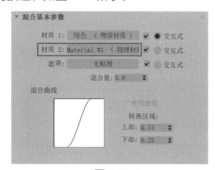

图 4-65

07 在"基本参数"卷展栏中,设置"基础颜色"为白色,"粗糙度"为 0.6,"金属度"为 1,如图 4-66 所示。

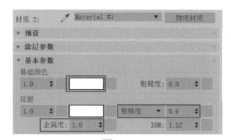

图 4-66

08 在"混合基本参数"卷展栏中,单击"遮罩"后面的"无贴图"按钮,如图 4-67 所示。

图 4-67

09 在弹出的"材质 / 贴图浏览器"对话框中,选择 Curvature(曲率),并单击"确定"按钮,如图 4-68 所示。

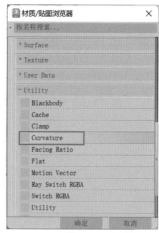

图 4-68

10 在 Parameters(参数)卷展栏中,设置 Samples(采样)为 5,Radius(半径)为 1,如图 4-69 所示。

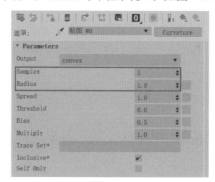

图 4-69

11 设置完成后,渲染场景,渲染效果如图 4-70 所示。细节如图 4-71 所示。

图 4-70

图 4-71

12 单击 Bias（偏向）后面的方形按钮，如图 4-72 所示。

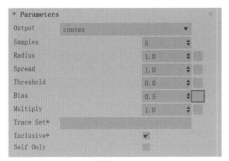

图 4-72

13 在弹出的"材质/贴图浏览器"对话框中，选择"噪波"选项，并单击"确定"按钮，如图 4-73 所示。

图 4-73

14 在"噪波参数"卷展栏中，设置"大小"为 0.3，"高"为 0.5，"低"为 0.45，如图 4-74 所示。

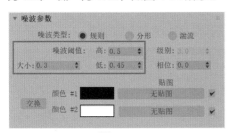

图 4-74

15 设置完成后，再次渲染场景，渲染效果如图 4-75 所示，细节如图 4-76 所示。

技巧与提示 ❖

本章节对应的教学视频中还讲解了灯光的设置技巧。用户可以观看对应教学视频进行学习。

图 4-75

图 4-76

4.2
实例：汽车行驶动画

本实例通过制作汽车行驶动画来讲解绑定的基本设置技巧及注意事项，图 4-77 所示为本实例的动画完成渲染效果。

图 4-77

图 4-77（续）

4.2.1 制作汽车图形控制器

01 启动中文版 3ds Max 2023 软件，打开配套资源文件"汽车 .max"，里面有一个汽车模型，如图 4-78 所示。

图 4-78

02 单击"创建"面板中的"圆"按钮，如图 4-79 所示。

图 4-79

03 在"左"视图中车轮位置处，创建一个与车轮等大的圆形图形，如图 4-80 所示。

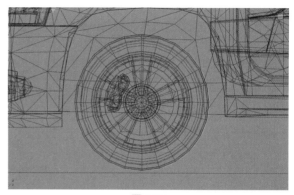

图 4-80

04 选择圆形图形，单击"主工具栏"上的"快速对齐"按钮，如图 4-81 所示。再单击汽车前轮，将圆形图形对齐到汽车前轮模型上，如图 4-82 所示。

图 4-81

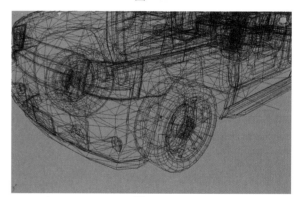

图 4-82

05 沿 X 轴方向调整圆形图形的位置至图 4-83 所示，使得我们可以更加方便地观察该图形。

图 4-83

06 在"修改"面板中更改图形的名称为"前轮控

制"，设置图形的颜色为黄色，并勾选"在视口中启用"复选框，如图 4-84 所示。

图 4-84

07 设置完成后，前轮控制图形的视图显示效果如图 4-85 所示。

图 4-85

08 复制一个圆形图形并使用同样的操作步骤放在汽车的后轮位置处，并命名为"后轮控制"，如图 4-86 所示。

图 4-86

09 在"创建"面板中，单击"矩形"按钮，如图 4-87 所示。

10 在"修改"面板中更改图形的名称为"总控制器"，设置图形的颜色为黄色，"长度"为 380，"宽度"为 300，"角半径"为 80，如图 4-88 所示。

11 设置完成后，调整其位置至场景中坐标原点位置处，如图 4-89 所示。这样，这个实例中所要制作的

图形控制器就创建完成了。

图 4-87　　　　　　　　　图 4-88

图 4-89

12 在场景中选择除了总控制器之外的所有对象，单击"主工具栏"上的"选择并链接"按钮，如图 4-90 所示。

图 4-90

13 将所选择的对象链接至总控制器图形，如图 4-91 所示。

14 设置完成后，"场景资源管理器"面板中的视图显示效果如图 4-92 所示。

图 4-91

图 4-92

4.2.2 使用"浮点脚本"控制器绑定车轮

01 在"创建"面板中，单击"线"按钮，如图 4-93 所示。

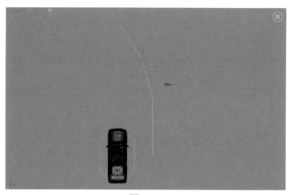

图 4-93

02 在"顶"视图中绘制一条曲线，作为汽车行驶的路线，如图 4-94 所示。

03 选择曲线上的所有顶点，右击并在弹出的快捷菜单中执行"平滑"命令，如图 4-95 所示。设置完成后，绘制出来的曲线如图 4-96 所示。

04 选择场景中的总控制器图形，执行"动画"|"约

束"|"路径约束"命令，再单击场景中刚刚绘制的曲线，将总控制器路径约束至曲线上，如图 4-97 所示。

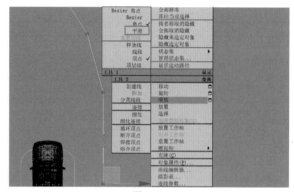

图 4-94

图 4-95

图 4-96

图 4-97

05 在"运动"面板中展开"路径参数"卷展栏，勾选"跟随"复选框，设置"轴"为"Y"，如图4-98所示。

图4-98

06 设置完成后，播放场景动画，可以看到汽车会随着路径自动调整行驶的方向，如图4-99所示。

图4-99

07 在场景中选择前轮控制图形，如图4-100所示。

图4-100

08 在"运动"面板中展开"指定控制器"卷展栏，

选择"Y轴旋转"属性后，该属性背景色会显示为蓝色，再单击对号形状的"指定控制器"按钮，如图4-101所示。

09 在弹出的"指定浮点控制器"对话框中选择"浮点脚本"控制器，如图4-102所示。

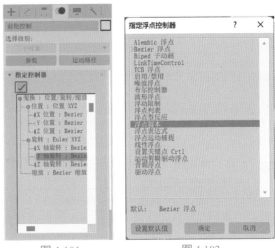

图4-101　　图4-102

10 在弹出的"脚本控制器"对话框中输入表达式"-curvelength \$Line001 *\$总控制器.pos.controller.Path_Constraint.controller.percent*0.01 / \$前轮控制.radius"，并单击该对话框下方的"计算"按钮，如图4-103所示。

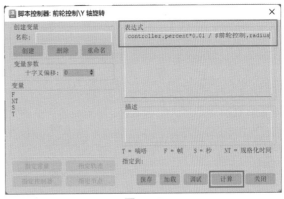

图4-103

技巧与提示 ❖

　　"浮点脚本"控制器与"浮点表达式"控制器的使用方法相似，都有一个"表达式"文本框供用户输入表达式。如果表达式里包含脚本关键词，那么用户使用"浮点脚本"控制器更好一些。

　　本实例通过对场景中控制汽车模型的总控制器所移动的距离求值，并将该值除以前轮控制的半径，得到的数值来控制前轮控制的旋转角度。另外，需要注意的是，当表达式过长时，"表达式"

文本框内无法显示出完整的表达式。

此外，由于这个表达式的语句比较长，用户可以先在"脚本侦听器"面板中进行测试，再粘贴至"脚本控制器"对话框的"表达式"文本框中，如图4-104所示。

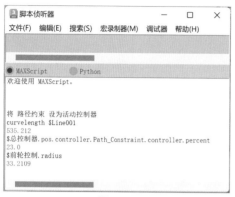

图 4-104

⓫ 在"修改"面板中，设置前轮控制图形的"步数"为0，如图4-105所示。

图 4-105

⓬ 这样，前轮控制图形将会以正方形进行显示，方便观察其旋转动画，如图4-106所示。播放场景动画，现在可以看到随着汽车向前行驶，前轮控制也会产生对应的旋转效果。

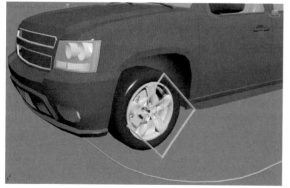

图 4-106

⓭ 选择汽车左侧前轮模型，如图4-107所示。

⓮ 执行"动画"|"约束"|"方向约束"命令，再单击前轮控制图形，如图4-108所示。

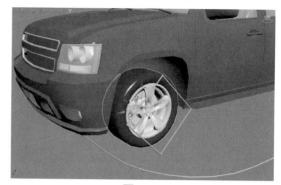

图 4-107

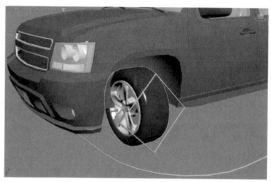

图 4-108

⓯ 在"方向约束"卷展栏中勾选"保持初始偏移"复选框，如图4-109所示。设置完成后，汽车左侧前轮模型会恢复至初始旋转方向。

图 4-109

⓰ 以同样的操作步骤对汽车右侧前轮模型也进行方向约束，设置完成后，播放场景动画，可以看到随着汽车向前行驶，两个前轮也会产生对应的旋转效果。

⓱ 执行"视图"|"显示重影"命令，再选择前轮控制图形，这样方便观看车轮的旋转效果，如图4-110所示。

⓲ 以同样的操作步骤为汽车后轮控制图形也设置"浮点脚本"控制器，在弹出的"脚本控制器"对话框中输入表达式"-curvelength $Line001 *$ 总控制器 .pos.

controller.Path_Constraint.controller.percent*0.01 / $
后轮控制 .radius"，并单击该对话框下方的"计算"
按钮，如图 4-111 所示。

图 4-110

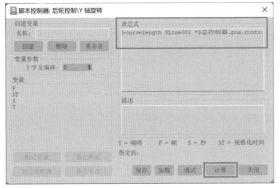

图 4-111

19 播放场景动画，可以看到随着汽车向前行驶，4
个车轮都会产生对应的向前滚动的旋转效果，如图
4-112 所示。

图 4-112

20 单击软件界面下方右侧的"自动"按钮，使其处
于背景色为红色的按下状态，如图 4-113 所示。

图 4-113

21 在 50 帧位置处，调整前轮控制图形的方向至
图 4-114 所示。设置完成后，再次单击"自动"按
钮，关闭自动关键点模式。

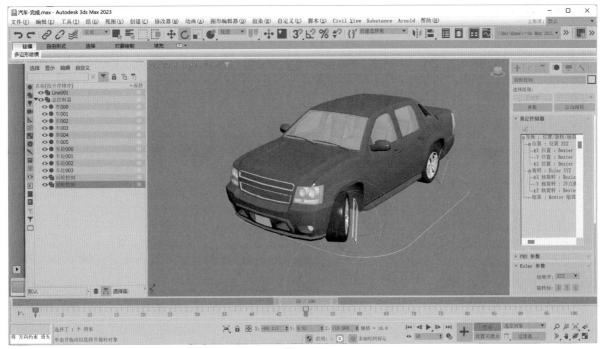

图 4-114

22 播放场景动画，可以看到汽车在转弯时前轮会产生对应的方向变化。本实例最终制作完成的动画效果如
图 4-115 所示。

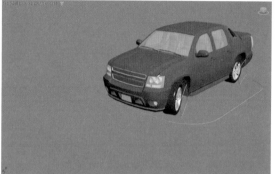

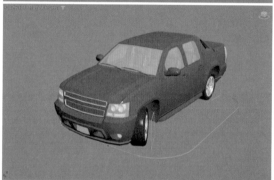

图 4-115

技巧与提示 ❖

相信读者学习完本实例后不难发现，这个汽车
行驶动画最终我们只设置了一个前车轮的旋转关键
帧动画，其他动画效果都是使用约束及表达式自动
生成的。所以为对象设置正确合理的绑定后，确实
可以大大减少动画师的工作量。

4.3
实例：鼠钻地毯动画

本实例通过制作一只玩具鼠钻进地毯下的动画
来讲解"置换"对象的使用方法，图 4-116 所示为
本实例的动画完成渲染效果。

图 4-116

01 启动中文版 3ds Max 2023 软件，打开配套资源文
件"玩具鼠 .max"，里面有一只玩具鼠模型，如图 4-117
所示。

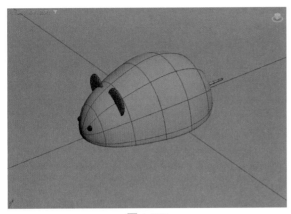

图 4-117

02 在"创建"面板中单击"平面"按钮,如图 4-118 所示。在场景中创建一个平面作为地毯模型。

03 在"修改"面板中,设置"长度"为 200,"宽度"为 200,"长度分段"和"宽度分段"均为 100,如图 4-119 所示。

图 4-118   图 4-119

04 设置完成后,地毯模型的视图显示效果如图 4-120 所示。

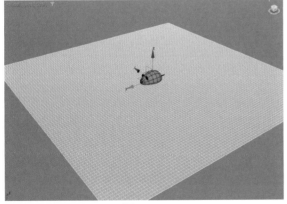

图 4-120

05 在"创建"面板中单击"弧"按钮,如图 4-121 所示。在场景中创建一条弧线,如图 4-122 所示。

06 选择玩具鼠模型,执行"动画"|"约束"|"路径约束"命令,再单击场景中的弧线,即可将玩具鼠模型约束至弧线上,设置完成后,播放场景动画,可

以看到玩具鼠沿着弧线进行移动,如图 4-123 所示。

图 4-121

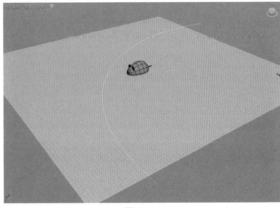

图 4-122

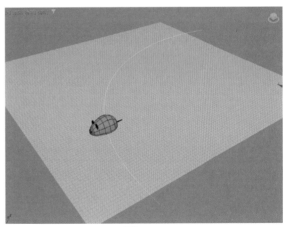

图 4-123

07 在"路径参数"卷展栏中勾选"跟随"复选框,设置"轴"为"Y",如图 4-124 所示。

08 设置完成后,播放场景动画,可以看到玩具鼠在移动的过程中,其旋转方向也会产生相应的变化,如图 4-125 所示。

09 在"创建"面板中单击"置换"按钮,如图 4-126 所示。在场景中创建一个置换对象,如图 4-127 所示。

图 4-124

图 4-125

图 4-126

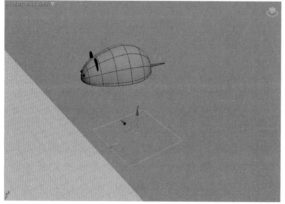

图 4-127

10 在"修改"面板中，展开"参数"卷展栏，设置"贴图"为"球形"，如图 4-128 所示。

图 4-128

11 设置完成后，回到 0 帧位置处，单击"主工具栏"上的"对齐"按钮，如图 4-129 所示，再单击玩具鼠模型，这时，系统会自动弹出"对齐当前选择"对话框，勾选"对齐方向（局部）"下方的"X轴""Y轴""Z轴"复选框，如图 4-130 所示，即可将置换对象对齐到玩具鼠模型上，如图 4-131 所示。

图 4-129　　　　　图 4-130

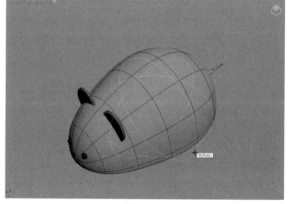

图 4-131

12 选择置换对象，单击"主工具栏"上的"选择并链接"按钮，如图 4-132 所示。将其链接至玩具鼠模型，如图 4-133 所示。

图 4-132

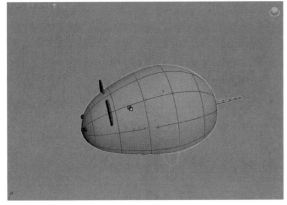

图 4-133

13 选择置换对象，单击"主工具栏"上的"绑定到空间扭曲"按钮，如图 4-134 所示。将其绑定至地毯模型，如图 4-135 所示。

图 4-134

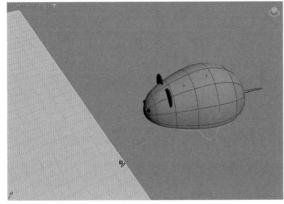

图 4-135

14 在"修改"面板中，设置置换对象的"强度"为9，"衰退"为 0.5，如图 4-136 所示。

15 设置完成后，播放场景动画，可以看到当玩具鼠经过地毯模型时，置换对象对地毯模型所产生的影响效果，如图 4-137 所示。

16 将场景中的地毯模型沿 Z 轴向上轻轻移动，即可得到玩具鼠钻进地毯形成的凸起效果，如图 4-138 所示。

17 本实例最终制作完成的动画效果如图 4-139 所示。

图 4-136

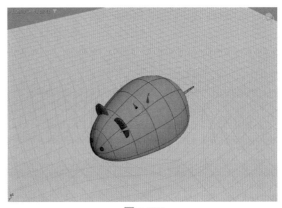

图 4-137

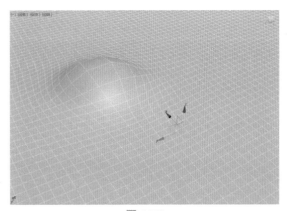

图 4-138

图 4-139

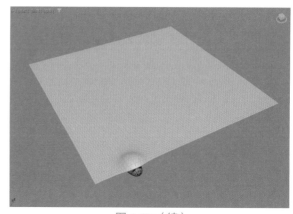

图 4-139（续）

图 4-139（续）

4.4
实例：百叶窗打开动画

　　本实例通过制作一个可以打开的百叶窗动画来讲解"方向约束"和"位置约束"的使用方法，图 4-140 所示为本实例的动画完成渲染效果。

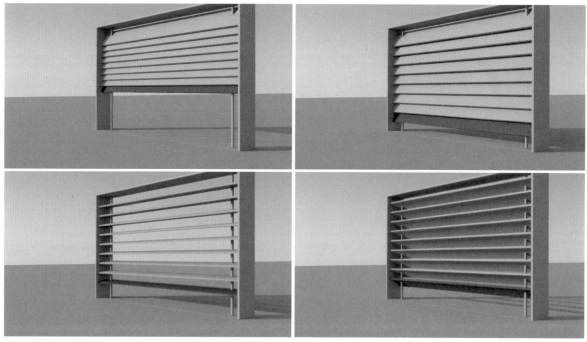

图 4-140

4.4.1　为百叶窗设置"方向约束"和"位置约束"

01 启动中文版 3ds Max 2023 软件，打开配套资源文件"百叶窗 .max"，里面有一个百叶窗模型，如图 4-141 所示。

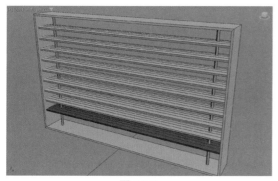

图 4-141

02 观察场景模型，可以看到这个百叶窗的叶片中有一片设置成了红色，接下来先讲解如何将这个红色的叶片设置为控制整个百叶窗开启的控制对象。选择红色的白叶窗叶片模型，如图 4-142 所示。

图 4-142

03 在"层次"面板中的"锁定"卷展栏中勾选除了"移动：Z"和"旋转：Y"以外的所有复选框，如图 4-143所示。

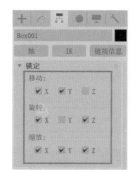

图 4-143

04 选择如图 4-144 所示的百叶窗叶片。执行"动画"|"约束"|"方向约束"命令，再单击红色百叶窗叶片，将其方向约束至红色百叶窗叶片上。

05 设置完成后，旋转一下红色的百叶窗叶片，可以看到上方的叶片也会随之一起旋转，如图 4-145所示。

06 以同样的操作步骤将其他百叶窗叶片也方向约束至红色的叶片上，设置完成后，旋转一下红色百叶窗叶片，动画效果如图 4-146 所示。

07 在场景中选择如图 4-147 所示的百叶窗叶片，执行"动画"|"约束"|"位置约束"命令，再单击红色的百叶窗叶片。

图 4-144

图 4-145

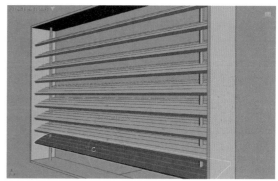

图 4-146

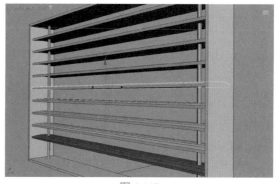

图 4-147

08 将其位置约束到红色百叶窗叶片上后，可以发现之前选择的百叶窗叶片的位置会与红色百叶窗叶片的位置重合，如图 4-148 所示。

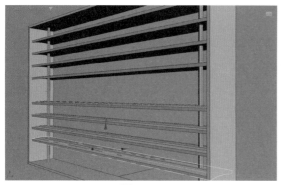

图 4-148

09 在"运动"面板中，展开"位置约束"卷展栏，单击"添加位置目标"按钮，如图 4-149 所示。

图 4-149

10 单击场景中如图 4-150 所示的百叶窗叶片，使其同时受到两个叶片的位置影响，这样其位置就会恢复至初始位置，如图 4-151 所示。

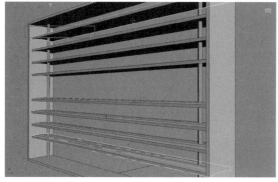

图 4-150

11 在场景中选择如图 4-152 所示的百叶窗叶片，执行"动画"|"约束"|"位置约束"命令，再单击红色的百叶窗叶片。

12 在"运动"面板中，展开"位置约束"卷展栏，单击"添加位置目标"按钮，如图 4-153 所示。

13 在场景中选择如图 4-154 所示的百叶窗叶片，使其同时受到两个叶片的位置影响，这样其位置就会恢

复至初始位置，如图 4-155 所示。

14 以同样的操作步骤为其他百叶窗叶片设置位置约束，制作完成后，移动红色的百叶窗叶片，即可看到百叶窗整体所产生的抬起效果，如图 4-156 所示。

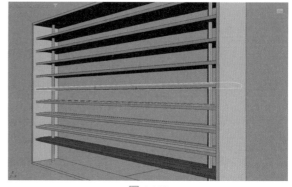

图 4-151

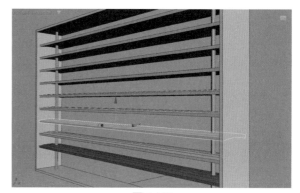

图 4-152

图 4-153

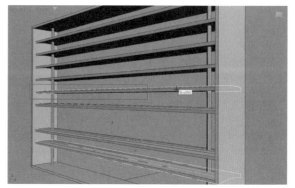

图 4-154

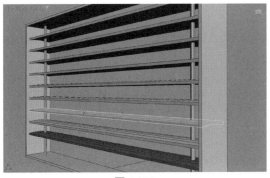

图 4-155

图 4-156

4.4.2 使用"连线参数"控制百叶窗叶片的旋转效果

01 在"创建"面板中,单击 Slider(滑块)按钮,如图 4-157 所示。

图 4-157

02 在视图左侧下方位置处创建一个滑块操纵器,如图 4-158 所示。

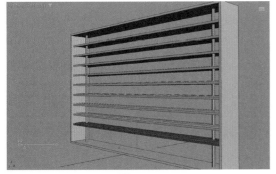

图 4-158

03 创建完成后,在"修改"面板中,设置"标签"为

"旋转控制","最小"为 -100,"最大"为 100,"X位置"为 0.01,"Y 位置"为 0.8,如图 4-159 所示。

图 4-159

04 设置完成后,滑块操纵器的视图显示效果如图 4-160 所示。

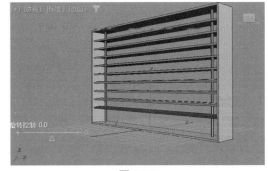

图 4-160

05 选择滑块操纵器,右击并在弹出的快捷菜单中执行"连线参数"命令,如图 4-161 所示。

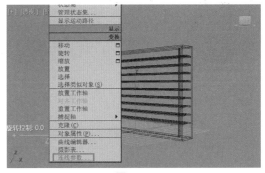

图 4-161

06 在弹出的菜单中执行"对象(Slider)"|value命令,如图 4-162 所示。

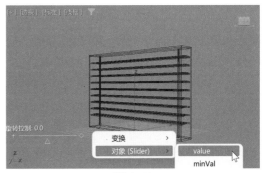

图 4-162

07 再单击红色百叶窗叶片模型，在弹出的菜单中执行"变换"|"旋转"|"Y轴旋转"命令，如图4-163所示。

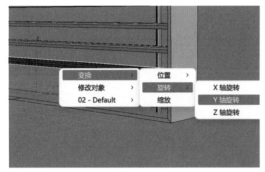

图 4-163

08 在弹出的"参数关联"面板中，先单击 ----> 形状的"单项连接：左参数控制右参数"按钮，使其呈背景色显示为蓝色被按下的状态后，在该面板下方右侧的文本框内输入表达式"value*0.01"，再单击下方的"连接"按钮，如图4-164所示。

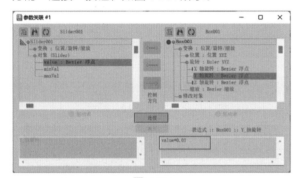

图 4-164

09 设置完成后，单击"主工具栏"上的"选择并操纵"按钮，如图4-165所示。

图 4-165

技巧与提示 ❖

　　如果用户想拖动滑块操纵器上的滑块，一定要先单击"选择并操纵"按钮。

10 接下来，拖动一下"旋转控制"滑块操纵器的滑块，即可看到百叶窗叶片的旋转效果，如图4-166所示。

技巧与提示 ❖

　　在学习下一个章节之前，应设置"旋转控制"滑块操纵器的"值"为0。

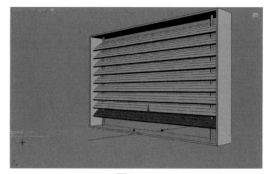

图 4-166

4.4.3 使用"反应管理器"控制百叶窗叶片的下拉效果

01 在"创建"面板中单击 Slider（滑块）按钮，如图4-167所示。

图 4-167

02 在视图左侧下方位置处创建一个滑块操纵器，如图4-168所示。

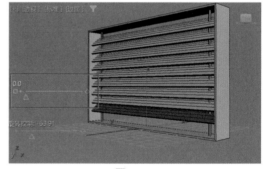

图 4-168

03 创建完成后，在"修改"面板中，设置"标签"为"上下控制"，"最小"为0，"最大"为100，"X位置"为0.01，"Y位置"为0.5，如图4-169所示。

图 4-169

04 设置完成后，滑块操纵器的视图显示效果如图 4-170 所示。

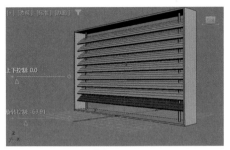

图 4-170

05 执行"动画"|"反应管理器"命令，在打开的"反应管理器"面板中单击+号形状的"添加反应驱动者"按钮，如图 4-171 所示。

图 4-171

06 在场景中单击"上下控制"滑块操纵器，在弹出的菜单中执行"对象（slider）|value 命令，如图 4-172 所示。

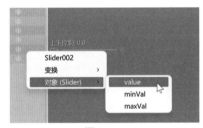

图 4-172

07 设置完成后，可以在"反应管理器"面板中看到该参数已经被添加进来，如图 4-173 所示。

图 4-173

08 在"反应管理器"面板中，单击第二个+号形状的"添加反应驱动"按钮，如图 4-174 所示。

图 4-174

09 在场景中单击红色的百叶窗叶片模型，在弹出的菜单中执行"变换"|"位置"|"Z 位置"命令，如图 4-175 所示。

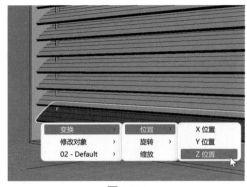

图 4-175

10 设置完成后，可以在"反应管理器"面板的上方看到该参数已经被添加进来，并且在下方可以看到一个状态被添加进来，如图 4-176 所示。

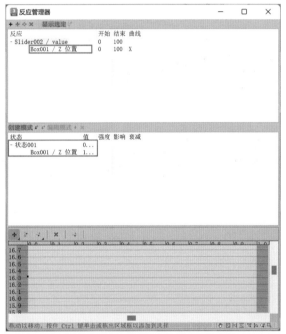

图 4-176

11 在"反应管理器"面板中单击"创建模式"按钮，使其处于背景色为蓝色的按下状态，如图 4-177 所示。

图 4-177

12 单击"主工具栏"上的"选择并操纵"按钮，使其处于背景色为蓝色的被按下状态，如图 4-178 所示。

图 4-178

13 将"上下控制"滑块操纵器拖动至图 4-179 所示位置处。

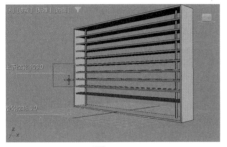

图 4-179

14 将红色百叶窗叶片的位置向上移动至图 4-180 所示位置处。

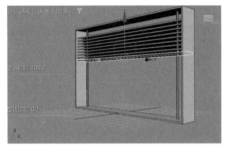

图 4-180

15 在"反应管理器"面板中单击"创建模式"按钮后面的"创建状态"按钮 ，即可在"反应管理器"面板中添加一个新的状态，如图 4-181 所示。

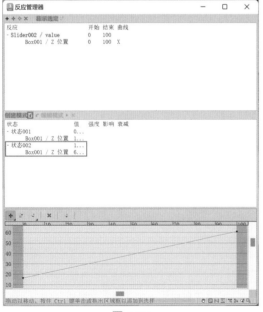

图 4-181

16 再次单击"创建模式"按钮，使其处于未按下状态，如图 4-182 所示。然后再关闭"反应管理器"面板。

图 4-182

17 在场景中分别拖动"上下控制"滑块操纵器和"旋转控制"滑块操纵器的滑块，即可看到百叶窗的动画效果，如图 4-183 所示。

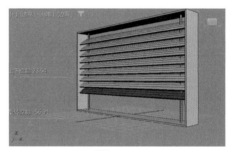

图 4-183

4.5
实例：水面漂浮动画

本实例通过制作一只漂浮在水面上的茶壶动画来讲解"波浪"和"涟漪"对象的使用方法，图 4-184 所示为本实例的动画完成渲染效果。

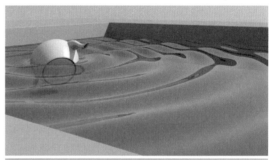

图 4-184

图 4-184（续）

4.5.1 使用"波浪"和"涟漪"制作水面动画效果

01 启动中文版 3ds Max 2023 软件，打开配套资源文件"水池 .max"，里面有一个水池和一只茶壶模型，如图 4-185 所示。

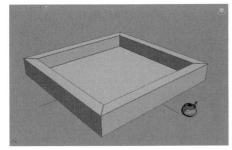

图 4-185

02 在"创建"面板中，单击"平面"按钮，如图 4-186 所示，在场景中创建一个与水池等大的平面模型，用来制作水池中的水面模型。

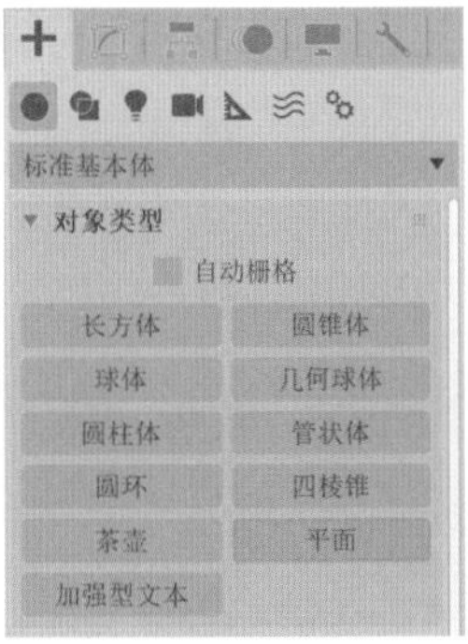

图 4-186

03 在"修改"面板中，设置"长度"为 100，"宽度"为 100，"长度分段"为 100，"宽度分段"为 100，如图 4-187 所示。

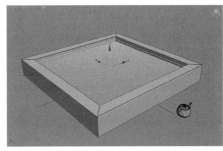

图 4-187

04 设置完成后，调整其位置至图 4-188 所示。

图 4-188

05 在"创建"面板中单击"波浪"按钮，在场景中创建一个波浪对象，如图 4-189 所示。

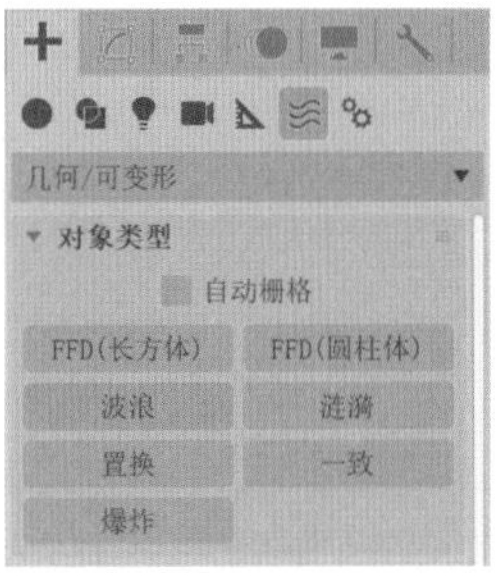

图 4-189

06 在"修改"面板中，设置波浪对象的参数值，如图 4-190 所示。

图 4-190

07 设置完成后，波浪对象的视图显示效果如图 4-191 所示。

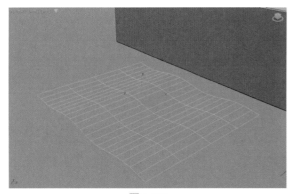

图 4-191

08 选择波浪对象，单击"主工具栏"上的"绑定到空间扭曲"按钮，如图 4-192 所示。将其绑定至水面模型，如图 4-193 所示。

图 4-192

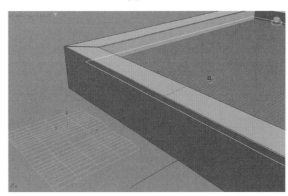

图 4-193

09 绑定完成后，选择水面模型，可以看到在"修改"面板中会自动添加一个"波浪绑定（WSM）"修改器，如图 4-194 所示。水面模型的视图显示效果如图 4-195 所示。

图 4-194

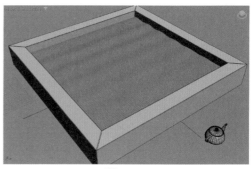

图 4-195

10 在软件界面下方右侧处，将"新建关键点的默认入 / 出切线"设置为"线性"，如图 4-196 所示。

图 4-196

11 单击软件界面下方右侧的"自动"按钮，使其处于背景色为红色的按下状态，如图 4-197 所示。

图 4-197

12 选择波浪对象，在 100 帧位置处，在"参数"卷展栏中设置"相位"为 2，如图 4-198 所示。制作出水面波浪滚动的动画效果。设置完成后，再次单击"自动"按钮，关闭自动关键点模式。

13 在"创建"面板中单击"涟漪"按钮，如图 4-199 所示。在场景中创建一个涟漪对象。

图 4-198

14 在"修改"面板中，设置涟漪对象的参数值，如图 4-200 所示。

图 4-199　　　　　　图 4-200

15 设置完成后，波浪对象的视图显示效果如图 4-201 所示。

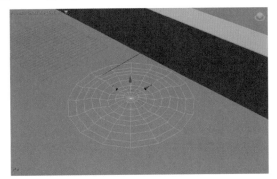

图 4-201

16 使用同样的操作步骤将其绑定至水面模型，并调整其位置至图 4-202 所示。

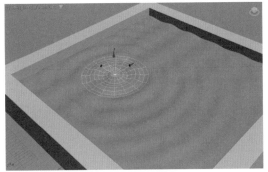

图 4-202

17 单击软件界面下方右侧的"自动"按钮，使其处于背景色为红色的按下状态后，选择涟漪对象，在100 帧位置处，在"参数"卷展栏中设置"相位"为 -1，如图 4-203 所示。制作出水面涟漪的动画效果。设置完成后，再次单击"自动"按钮，关闭自动关键点模式。

图 4-203

4.5.2 使用"附着约束"制作水面漂浮动画

01 在"创建"面板中，单击"点"按钮，如图 4-204 所示。在场景中任意位置处创建一个点对象。

02 选择点对象，执行"动画"|"约束"|"附着约束"命令，如图 4-205 所示，再单击水面模型，将点对象附着约束至水面模型。

图 4-204　　　　　　图 4-205

03 在"附着约束"卷展栏中，单击"设置位置"按钮，使其呈背景色为蓝色按下的状态，如图 4-206 所示。

图 4-206

技巧与提示 ❖

单击"设置位置"按钮前，最好将"时间滑块"按钮设置在0帧位置处。

04 在水面模型的涟漪中心处单击，将点对象的位置更改至图 4-207 所示位置处。

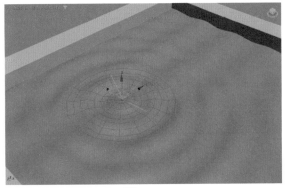

图 4-207

05 选择场景中的茶壶模型，按组合键 Shift+A，再单击点对象。将茶壶模型快速对齐至点对象，如图 4-208 所示。

图 4-208

06 随意调整一下茶壶的方向和上下位置，如图 4-209 所示。

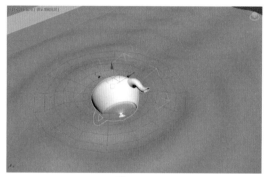

图 4-209

07 单击"主工具栏"上的"选择并链接"按钮，如图 4-210 所示。

图 4-210

08 将茶壶模型链接至点对象，如图 4-211 所示。

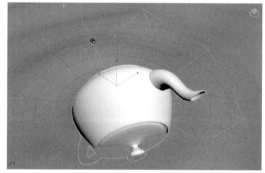

图 4-211

09 设置完成后，播放场景动画，即可看到茶壶模型随着水面的变化产生上下漂浮的动画效果，如图 4-212 所示。

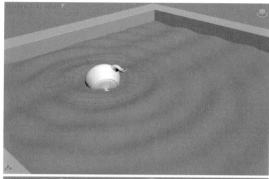

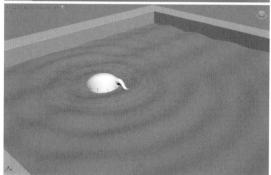

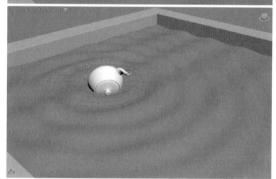

图 4-212

4.6
实例：表情动画设置

本实例通过为一个卡通角色添加表情来讲解与制作表情动画有关的修改器及设置技巧，图 4-213 所示为本实例的动画完成渲染效果。

图 4-213

4.6.1 使用"变形器"修改器制作角色表情

01 启动中文版 3ds Max 2023 软件，打开配套资源文件"卡通角色头部 .max"，里面有 6 组角色头部模型，如图 4-214 所示。

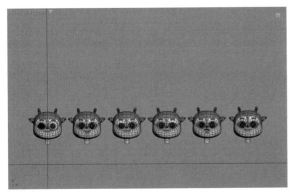

图 4-214

02 制作之前，首先分析一下场景中的这些角色头部模型。从左向右的角色头部模型显示效果分别如图 4-215 ～图 4-220 所示。其中，图 4-215 所示代表正常的且可以设置表情的角色模型，并且只有一只眼睛，需注意，由于将来的绑定需要，眼球现在必须是这样的球体效果。图 4-216 所示是一个微微张嘴笑的表情；图 4-217 所示是一个右眼睛半闭的表情；图 4-218 所示是一个左眼睛半闭的表情；图 4-219 所示是一个张大嘴的表情；图 4-220 所示是一个抬眉毛的表情。

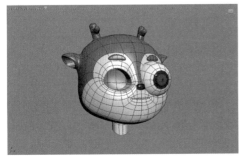

图 4-215

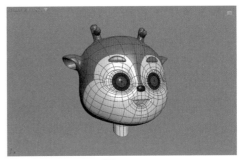

图 4-216

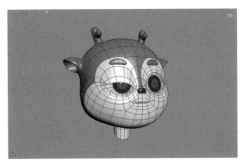

图 4-217

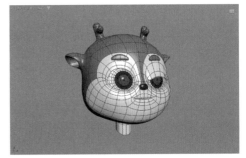

图 4-218

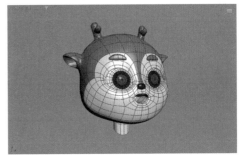

图 4-219

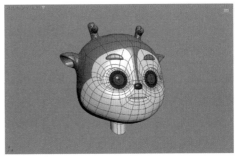

图 4-220

技巧与提示 ❖

这些表情都是使用最初的一个头部模型复制后进行制作的，在制作这些表情时应注意不要更改模型的面数，只能通过调整顶点的位置来制作表情。

03 选择场景中如图 4-221 所示的角色头部模型。在"修改"面板中，单击"网格平滑"修改器前面的眼睛按钮，使其呈关闭状态，如图 4-222 所示。设置完成后，角色头部模型的显示效果如图 4-223 所示。

图 4-221

图 4-222

图 4-223

04 对场景中的其他角色头部模型进行同样的操作，如图 4-224 所示。

图 4-224

05 选择场景中只有一只眼睛的角色头部模型，在"修改"面板中添加"变形器"修改器，并使得该修改器位于"网格平滑"修改器的下方，如图 4-225 所示。

06 在"通道列表"卷展栏中，右击第 1 个"空"按钮，并在弹出的快捷菜单中执行"从场景中拾取"命令，如图 4-226 所示。

图 4-225　　　　　　图 4-226

07 再单击场景中微微张嘴的那个角色头部模型，即可把微微张嘴的表情添加至第 1 个按钮中，设置完成后，该按钮的名称会显示为对应的角色头部模型的名称，如图 4-227 所示。

08 以同样的操作方式将场景中的其他表情也添加到"变形器"修改器的"通道列表"卷展栏中，设置完成后如图 4-228 所示。此时，用户可以另存为一个文件，并将场景中的这些带有表情的角色头部模型全部删除。

图 4-227　　　　　　图 4-228

09 选择场景中的眉毛模型，如图 4-229 所示。

10 在"修改"面板中，为其添加"蒙皮包裹"修改器，并使其位于"网格平滑"修改器的下方，如图 4-230 所示。

11 在"参数"卷展栏中，单击"加入"按钮后，再单击场景中的头部模型，设置完成后，角色头部模型的名称会出现在"加入"按钮上方的文本框中，如图 4-231 所示。

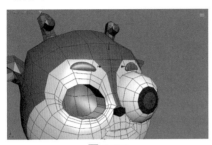

图 4-229

图 4-230

图 4-231

12 设置完成后，可以尝试调整一下"变形器"修改器中的抬眉毛表情，这时可以发现眉毛模型也会随之产生相应的变化。

4.6.2 使用"链接变换"修改器绑定角色眼球

01 在"创建"面板中单击"虚拟对象"按钮，如图 4-232 所示。

图 4-232

02 在"顶"视图中创建一个与眼球大小相似的虚拟对象，如图 4-233 所示。

03 选择虚拟对象，按组合键 Shift+A，再单击眼睛模型，将虚拟对象快速对齐至眼睛模型，如图 4-234 所示。

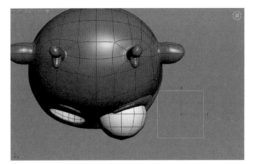

图 4-233

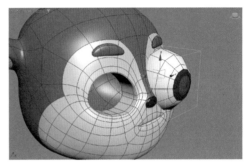

图 4-234

04 在"创建"面板中单击"点"按钮，如图 4-235 所示。在场景中任意位置处创建一个点对象。

图 4-235

05 将点对象快速对齐至眼睛模型后，再沿 Y 轴方向移动至图 4-236 所示位置处。

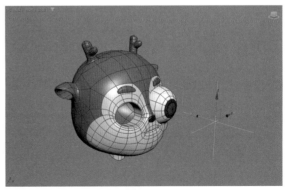

图 4-236

06 选择场景中的眼球模型，为其添加"链接变换"

修改器，并在"参数"卷展栏中，单击"拾取控制对象"按钮，如图 4-237 所示。

图 4-237

07 再单击场景中眼球附近的虚拟对象，如图 4-238 所示，将其拾取进来。设置完成后，即可看到虚拟对象的名称会出现在"控制对象"下方，如图 4-239 所示。

08 在"修改"面板中，为其添加"FFD 2×2×2"修改器，并单击"控制点"按钮，如图 4-240 所示。

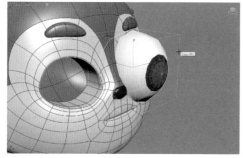

图 4-238

图 4-239

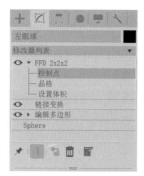

图 4-240

09 在场景中通过调整"FFD 2×2×2"修改器的控制点来更改眼球模型的形状至图 4-241 所示。调整时应注意使眼球模型的形状尽可能符合角色头部模型的眼眶部分，如图 4-242 所示。

10 选择眼球模型，将其链接至虚拟对象上，如图 4-243 所示。

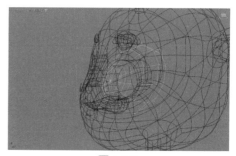

图 4-241

图 4-242

图 4-243

11 设置完成后，选择场景中的眼球模型、虚拟对象和点对象，单击"主工具栏"上的"镜像"按钮，如图 4-244 所示。

12 在弹出的"镜像：世界坐标"对话框中，设置"镜像轴"为"X"，"克隆当前选择"为"复制"，单击"确定"按钮，如图 4-245 所示。

图 4-244　　　　　图 4-245

13 设置完成后，调整其位置至图 4-246 所示。

图 4-246

14 选择左眼位置处的虚拟对象,执行"动画"|"约束"|"注视约束"命令,将其约束至对应的点对象上,如图 4-247 所示。

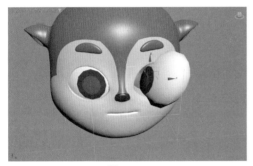

图 4-247

15 在"注视约束"卷展栏中,勾选"保持初始偏移"复选框,如图 2-248 所示,即可看到角色左眼球的方向会恢复至初始的正确状态,如图 2-249 所示。

图 4-248

图 4-249

16 以同样的操作步骤将右眼球也进行注视约束,设置完成后,选择眼球模型,分别单击"主工具栏"上的"取消链接选择"按钮,如图 4-250 所示,将其与虚拟对象的链接断开。

图 4-250

17 现在,移动场景中的 2 个点对象,即可看到角色的眼球也会随之旋转,如图 4-251 和图 4-252 所示。

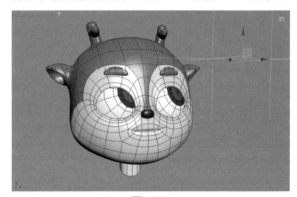

图 4-251

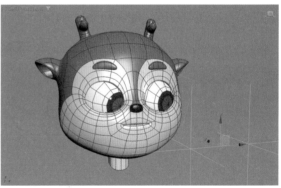

图 4-252

18 选择角色头部模型,在"变形器"修改器中通过调整多个表情数值,即可制作出一些有趣的表情效果,如图 4-253 和图 4-254 所示。

技巧与提示 ❖

用户应注意本实例中角色的眼球形状最终效果并不是一个标准的球体形状,而是一个比较扁一些的球体形状,所以必须要使用"链接变换"修改器才能够制作眼球的注视动画效果。

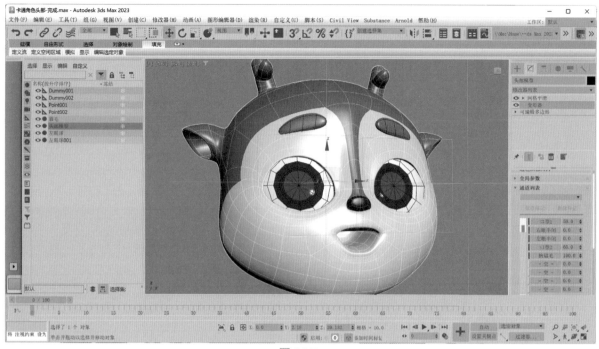

图 4-253

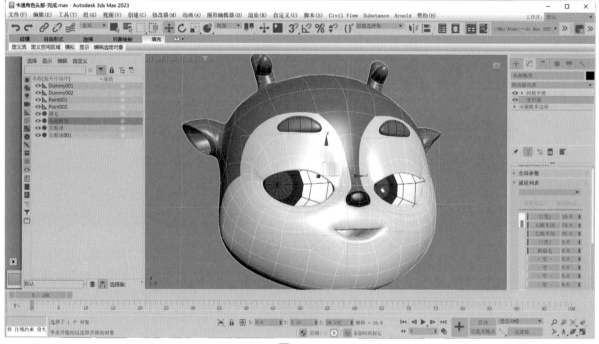

图 4-254

第5章—
骨骼动画

3ds Max 为用户提供了多种骨骼系统来制作角色动画。本章就一起来学习一下其中较为常用的骨骼使用方法。

5.1
实例：蛇爬行动画

"骨骼"工具非常强大，可以用来搭建各种生物的骨骼，甚至还可以搭建出电影要求级别的高精度人体骨骼。本实例将使用骨骼工具为来制作一条蛇的骨骼，为其设置蒙皮并制作动画，图 5-1 所示为本实例的动画完成渲染效果。

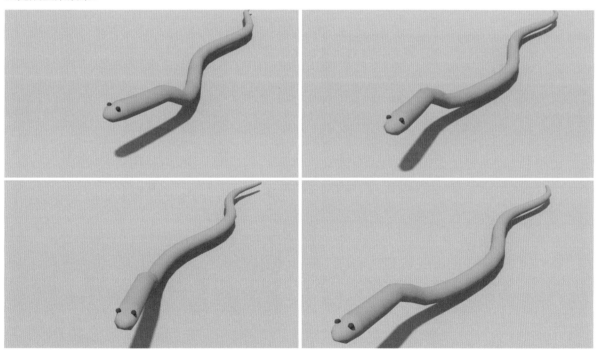

图 5-1

5.1.1 创建蛇骨骼

01 启动中文版 3ds Max 2023 软件，打开配套资源文件"蛇 .max"，里面为一个设置好了材质的小蛇模型，如图 5-2 所示。

02 在"创建"面板中，单击"骨骼"按钮，如图 5-3 所示。

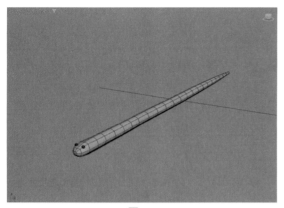

图 5-2

图 5-3

03 在"左"视图中，从蛇的颈部位置开始创建骨骼，如图 5-4 所示。

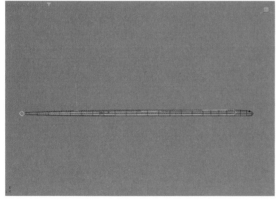

图 5-4

04 在蛇头位置再次创建骨骼，如图 5-5 所示。

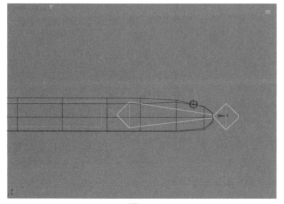

图 5-5

05 执行"动画"|"骨骼工具"命令，在打开的"骨骼工具"面板中，单击"骨骼编辑模式"按钮，使其呈背景色为蓝色的被按下状态后，再单击"细化"按钮，如图 5-6 所示。

图 5-6

06 在"场景资源管理器"面板中，单击蛇模型前面的眼睛形状按钮，使其呈关闭状态，即可在场景中隐藏蛇模型，如图 5-7 所示。

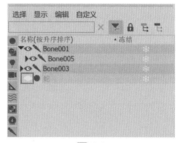

图 5-7

07 在蛇身体骨骼的中央位置处单击，使其变为 2 段骨骼，如图 5-8 所示。

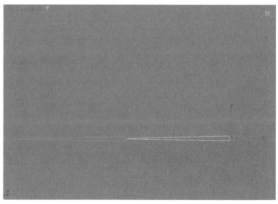

图 5-8

08 重复以上操作步骤，对蛇身体位置处的骨骼进行细化，得到如图 5-9 所示的效果。

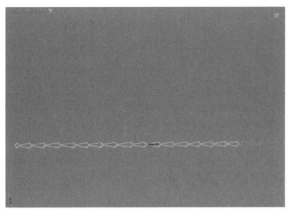

图 5-9

09 在"骨骼工具"面板中，设置"起点颜色"为红色，"终点颜色"为浅红色，再单击"应用渐变"按钮，如图 5-10 所示。使得蛇身体骨骼的颜色显示为渐变色，如图 5-11 所示。

图 5-10

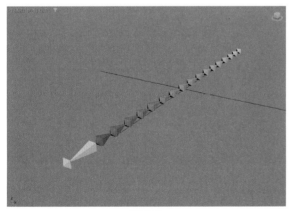

图 5-11

10 设置完成后，再次单击"骨骼编辑模式"按钮，使其呈未按下状态后，关闭该面板，如图 5-12 所示。

11 在"创建"面板中单击"线"按钮，如图 5-13 所示。

12 在"左"视图中绘制出一条与蛇身体长度接近的直线，如图 5-14 所示。

图 5-12

图 5-13

图 5-14

13 在"修改"面板中，设置"拆分"为 16，再单击"拆分"按钮，如图 5-15 所示。

14 设置完成后，可以看到刚刚绘制的直线被拆分成了很多小线段，如图 5-16 所示。

15 在场景中选择蛇身体骨骼的第 1 节，如图 5-17 所示。

16 执行"动画"|"IK 结算器"|"样条线 IK 结算器"命令，再单击蛇尾巴位置处的最后一节骨骼，然后再单击场景中刚刚绘制的直线，即可为蛇的身体骨骼创建样条线 IK 结算器，如图 5-18 所示。

图 5-15

图 5-16

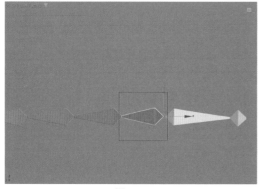

图 5-17

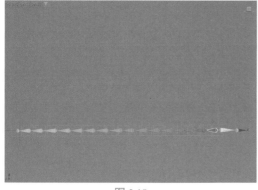

图 5-18

17 在"创建"面板中单击"圆"按钮，如图 5-19 所示。

图 5-19

18 在"前"视图中任意位置处创建一个圆形图形，如图 5-20 所示。

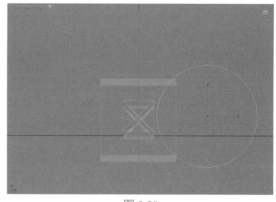

图 5-20

19 选择圆形图形，按组合键 Shift+A，将其快速对齐到蛇身体的第 1 节骨骼位置处，如图 5-21 所示。

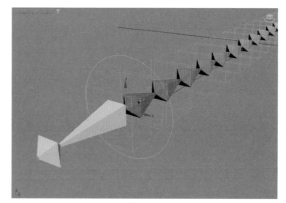

图 5-21

20 在"修改"面板中，更改圆形图形的名称为"蛇总控制器"，设置其颜色为黄色，勾选"在视口中启用"复选框，如图 5-22 所示。

图 5-22

21 设置完成后，蛇总控制器图形的视图显示效果如图 5-23 所示。

22 在场景中选择蛇颈部的第一个方块形状的虚拟体，单击"主工具栏"上的"选择并链接"按钮，如图 5-24 所示。

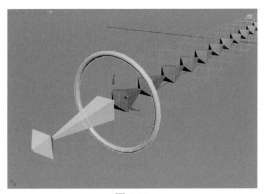

图 5-23

图 5-24

23 将所选择的对象链接至蛇总控制器图形上，然后将蛇头部的骨骼链接至蛇颈部的第 1 节骨骼上，如图 5-25 和图 5-26 所示。

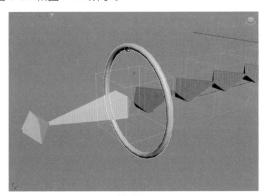

图 5-25

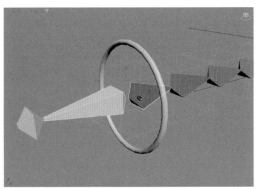

图 5-26

24 以同样的操作步骤再次创建出 2 个圆形图形，并分别对齐至蛇身体的第 2 节骨骼和第 3 节骨骼位置处，如图 5-27 所示。

25 选择蛇身体的第 2 个方形虚拟体，将其链接至第 2 个圆形图形上，如图 5-28 所示。

26 选择蛇身体的第 3 个方形虚拟体，将其链接至第

3 个圆形图形上，如图 5-29 所示。

图 5-27

图 5-28

图 5-29

27 选择第 3 个圆形图形，将其链接至第 2 个圆形图形上，如图 5-30 所示。

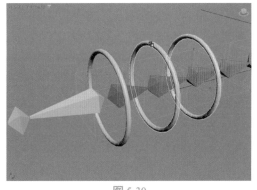

图 5-30

28 选择第 3 个圆形图形，将其链接至第 1 个圆形图形上，如图 5-31 所示。

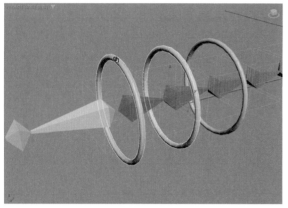

图 5-31

29 设置完成后，可以尝试移动一下蛇总控制器图形的位置，可以看到蛇的所有骨骼都会跟随其移动，如图 5-32 所示。

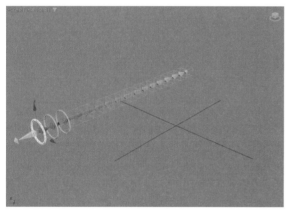

图 5-32

5.1.2 使用"波浪"修改器制作蛇爬行动画

01 在"场景资源管理器"面板中，单击"蛇"模型前面的眼睛图标，如图 5-33 所示。在场景中显示出蛇模型，如图 5-34 所示。

02 选择场景中的蛇模型，在"修改"面板中添加"蒙皮"修改器，如图 5-35 所示。

图 5-33

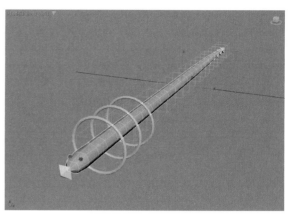

图 5-34

图 5-35

技巧与提示 ✢

"蒙皮"修改器可以将模型与场景中的骨骼进行关联，使模型根据骨骼位置及角度的变化产生变形。该修改器常常用来制作生物肢体变形动画效果。

03 在"参数"卷展栏中，单击"骨骼"后面的"添加"按钮，如图 5-36 所示。

图 5-36

04 在弹出的"选择骨骼"对话框中，选中场景中的所有骨骼对象，被选中的骨骼对象背景会呈蓝色显示，如图 5-37 所示。

05 选择完成后，单击该对话框下方的"选择"按钮，即可在"骨骼"下方的文本框内看到这些骨骼的名称，如图 5-38 所示。

图 5-37

图 5-38

技巧与提示 ❖

在"参数"卷展栏中单击"编辑封套"按钮，使其呈背景色为蓝色按下去的状态，如图5-39所示。则可以在视图中显示出骨骼的封套大小，封套大小代表该骨骼所影响模型的范围，如图5-40所示。由于本实例中的蛇模型比较简单，故不需要调整蒙皮的封套大小。

图 5-39

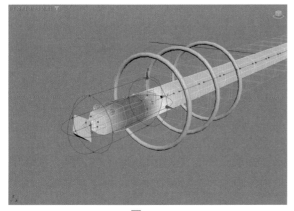

图 5-40

06 在"创建"面板中单击"平面"按钮，如图 5-41 所示。

07 在"顶"视图中创建一个与蛇模型长度接近的平面模型，如图 5-42 所示。

图 5-41

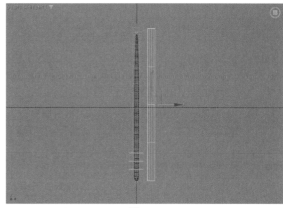

图 5-42

08 在"修改"面板中，设置"长度分段"为 20，"宽度分段"为 1，如图 5-43 所示。

图 5-43

09 设置完成后，平面模型的视图显示效果如图 5-44 所示。

10 在"修改"面板中，为平面模型添加"波浪"修改器，如图 5-45 所示。

技巧与提示 ❖

与"蒙皮"修改器不同，添加"波浪"修改器后，在"修改器堆栈列表"中显示的名称为英文 Wave。

11 在"参数"卷展栏中，设置"振幅1"为6，"振幅2"为6，"波长"为100，如图5-46所示。设置完成后，平面模型的视图显示效果如图5-47所示。

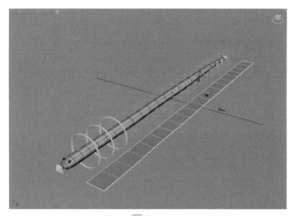

图 5-44

图 5-45

图 5-46

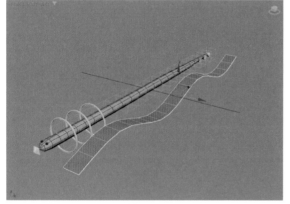

图 5-47

12 在"修改"面板中右击"波浪"修改器，并在弹出的快捷菜单中执行"复制"命令，如图5-48所示。

13 选择场景中的直线，在"修改"面板中右击，并在弹出的快捷菜单中执行"粘贴"命令，如图5-49所示。

14 设置完成后，将场景中的平面模型删除。选择直线，添加了"波浪"修改器后的直线视图显示效果如图5-50所示。

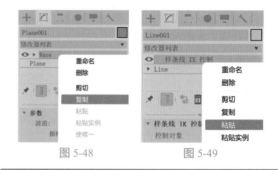

图 5-48   图 5-49

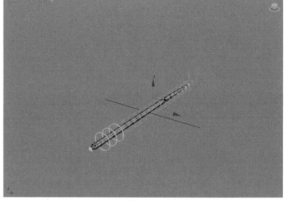

图 5-50

15 在"修改"面板中，单击"波浪"修改器下方的Gizmo，如图5-51所示。

图 5-51

16 在场景中调整Gizmo的方向至图5-52所示。

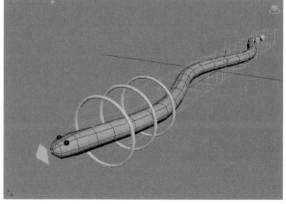

图 5-52

17 单击软件界面下方右侧的"自动"按钮，使其处于背景色为红色的按下状态，如图5-53所示。

图 5-53

18 在 100 帧位置处,设置"相位"为 3,如图 5-54 所示。

19 设置完成后,播放场景动画,即可看到随着时间的变化,蛇模型会产生扭来扭去的动画效果,如图 5-55 所示。

20 在 100 帧位置处,调整蛇总控制器的位置至图 5-56 所示,制作出蛇前进的动画效果。

图 5-54

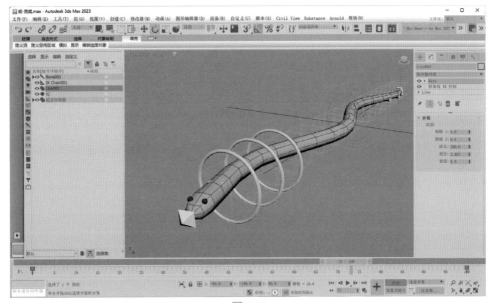

图 5-55

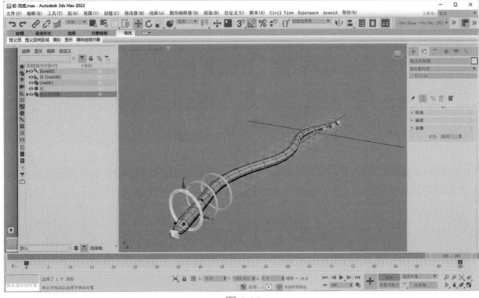

图 5-56

21 设置完成后，再次单击"自动"按钮，关闭自动关键点模式。我们可以通过调整蛇颈部的图形控制器来制作蛇抬起头前进的动画效果，如图 5-57 所示。

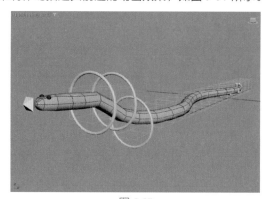

图 5-57

22 本实例的最终动画完成效果如图 5-58 所示。

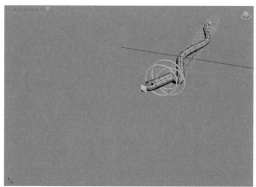

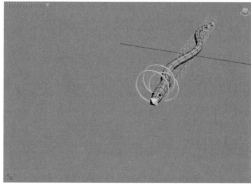

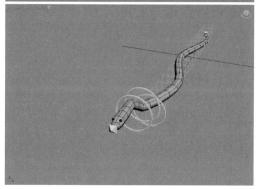

图 5-58

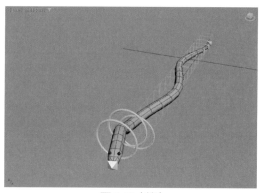

图 5-58（续）

5.2
实例：牛行走动画

3ds Max 软件中除了"骨骼"工具，还内置有完整的骨骼动画工具，如图 CAT 骨骼、Biped 骨骼、填充系统，用户可以使用这些工具快速搭建符合自己模型的骨骼。本实例以牛的行走动画为例，讲解如何使用 CAT 骨骼系统来制作生物行走动画，如图 5-59 所示。

图 5-59

图 5-59（续）

5.2.1 制作牛直线行走动画

01 启动中文版 3ds Max 2023 软件，在"创建"面板中单击"辅助对象"按钮，在下拉引表中选择 CAT 对象，如图 5-60 所示。

02 单击"CAT 父对象"按钮，在下方的"CATRig 加载保存"卷展栏中选择 Gnou 选项，如图 5-61 所示，即可在场景中创建出牛的骨骼系统，如图 5-62 所示。

图 5-60　　　　　图 5-61

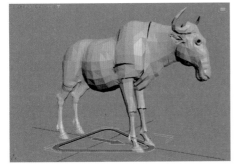

图 5-62

03 在"运动"面板中单击"添加层"按钮，如图

5-63 所示。在弹出的下拉列表中选择最后一项，如图 5-64 所示。

图 5-63　　　　　图 5-64

04 在"层管理器"卷展栏中单击红色的"设置 / 动画模式切换"按钮，如图 5-65 所示。将其切换至绿色的"设置 / 动画模式切换"按钮显示状态，如图 5-66 所示。

图 5-65　　　　　图 5-66

05 设置完成后，播放场景动画，即可看到牛骨骼已经有了原地运动的动画效果，如图 5-67 所示。

图 5-67

06 在"层管理器"卷展栏中，单击"CATMotion 编辑器"按钮，如图 5-68 所示。

图 5-68

07 在弹出的 Gnou-Globals 窗口左侧部分选择 Globals（全局）后，将"行走模式"选择为"直线行走"，如图 5-69 所示。

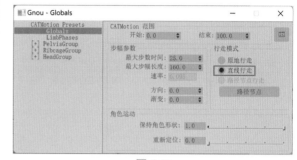

图 5-69

08 设置完成后，播放场景动画，可以看到现在牛骨骼会在场景中进行直线行走，如图 5-70 所示。

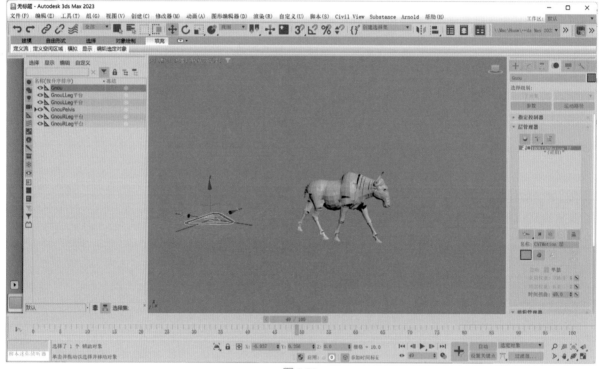

图 5-70

5.2.2 制作牛沿路径行走动画

01 单击"创建"面板中的"弧"按钮，如图 5-71 所示。

02 在"顶"视图中创建一条弧线，作为牛骨骼行走的路径，如图 5-72 所示。

03 单击"创建"面板中的"点"按钮，如图 5-73 所示。

04 在场景中任意位置创建一个点对象，如图 5-74 所示。

图 5-71

图 5-72

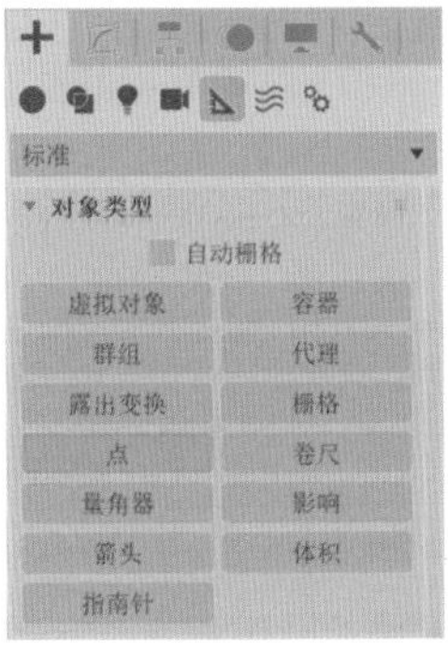

图 5-73

图 5-74

05 在"修改"面板中勾选"三轴架""交叉""长方体"复选框,如图 5-75 所示。

图 5-75

06 设置完成后,点对象的视图显示效果如图 5-76 所示。

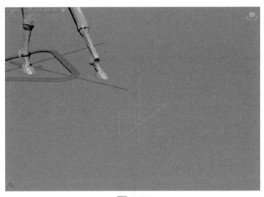

图 5-76

07 选择点对象,执行"动画"|"约束"|"路径约束"命令,再单击场景中的弧线图形,即可将点对象路径约束至弧线上,如图 5-77 所示。

图 5-77

08 在"运动"面板中,展开"路径参数"卷展栏,勾选"跟随"复选框,如图 5-78 所示。

图 5-78

09 在 Gnou-Globals 窗口中单击"行走模式"下方

的"路径节点"按钮，如图 5-79 所示。再单击场景
中的点对象，即可看到"路径节点"按钮的名称显示
出点对象的名称，如图 5-80 所示。

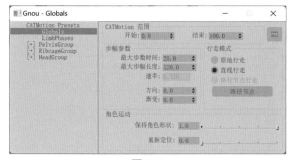

图 5-79

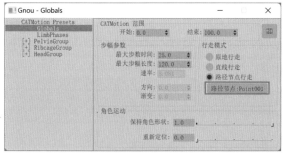

图 5-80

⑩ 观察场景，可以看到弧形图形附近会自动生成许
多脚印图形。需要注意的是，在默认状态下，这些脚
印图形的方向并不正确，进而影响牛骨骼的动画方向
也不正确，如图 5-81 所示。

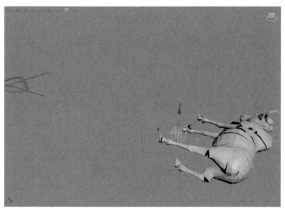

图 5-81

⑪ 在"主工具栏"上单击"角度捕捉切换"按钮，
如图 5-82 所示。

图 5-82

⑫ 在场景中旋转点对象的角度至图 5-83 所示，即可
更改牛骨骼的行进方向。

图 5-83

⑬ 在"顶"视图中，观察牛骨骼的形状，可以看到
牛头位置的骨骼与牛骨骼行进的方向略有偏差，如
图 5-84 所示。

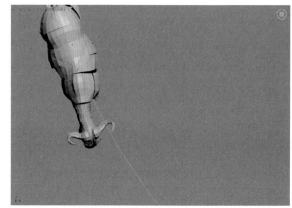

图 5-84

⑭ 在 Gnou-Globals 窗口中，调整"保持角度形状"
的滑块位置至图 5-85 所示。

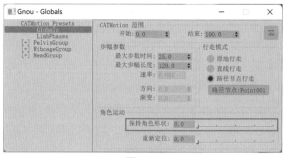

图 5-85

⑮ 设置完成后，在"顶"视图中再次观察牛头位置
的骨骼角度，如图 5-86 所示。

⑯ 在"创建"面板中单击"平面"按钮，如图 5-87
所示。

⑰ 在场景中创建一个平面作为地面模型，如图 5-88
所示。

⑱ 在"参数"卷展栏中，设置"长度"为 900，"宽

度"为900,"长度分段"为40,"宽度分段"为40,如图5-89所示。

图 5-86

图 5-87

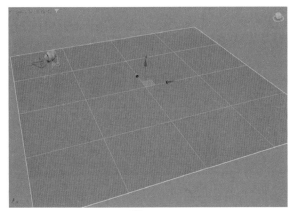

图 5-88

19 在"修改"面板中,为地面模型添加"编辑多边形"修改器,如图5-90所示。

图 5-89

图 5-90

20 选择如图5-91所示的顶点,在"软选择"卷展栏中勾选"使用软选择"复选框,设置"衰减"为200,如图5-92所示。

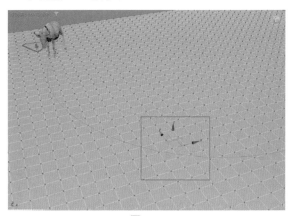

图 5-91

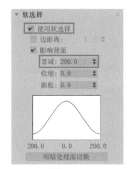

图 5-92

21 设置完成后,调整所选择顶点的位置至图5-93所示,制作出地面凸起的模型效果。

图 5-93

22 播放场景动画,可以看到在默认状态下,牛骨骼走到地面凸起的位置处会与地面产生穿插现象,如图5-94所示。

23 在Gnou-Globals对话框中的左侧部分选择LimbPhases(肢体阶段)后,单击"全部"后面的按钮并拾取地面模型,设置完成后,"全部"后面的按钮名称会显示为地面模型的名称,如图5-95所示。

图 5-94

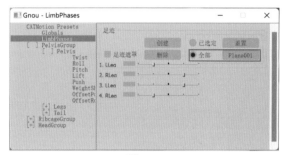

图 5-95

24 设置完成后,再次播放场景动画,可以看到现在牛骨骼行进时会根据地面的形态做出高度上的调整,如图 5-96 所示。

图 5-96

技巧与提示 ✤

CAT骨骼系统自带了大量的2足骨骼、4足骨骼及多足骨骼预设,可以帮助用户快速模拟人物、蜥蜴、虫子等生物的行走动画效果,如图5-97所示。

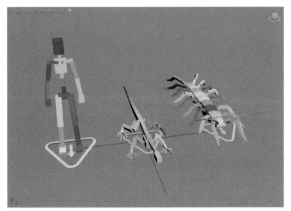

图 5-97

5.3
实例:虫爬行动画

本实例中将为一个卡通虫子模型进行简单的绑定,再为其设置骨骼制作动画效果。需要注意的是,尽管这条虫子的体型看起来跟蛇差不多,但是其运动规律以及涉及的知识点却截然不同,本实例最终制作完成的效果如图 5-98 所示。

图 5-98

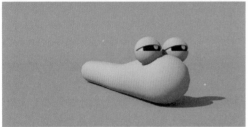

图 5-98（续）

5.3.1 制作图形控制器

01 启动中文版 3ds Max 2023 软件，打开配套资源文件"虫子 .max"，里面为一个设置好了材质的虫子模型，如图 5-99 所示。

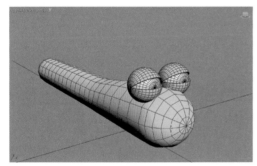

图 5-99

02 观察"场景资源管理器"面板，可以看到这只虫子由 5 个模型组成。

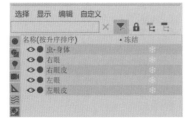

图 5-100

03 在"创建"面板中单击"圆"按钮，如图 5-101 所示。

图 5-101

04 在"前"视图中虫子右眼模型位置处创建一个圆形图形，如图 5-102 所示。

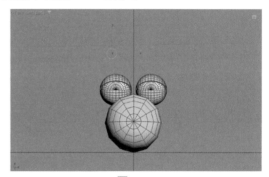

图 5-102

05 选择圆形图形，按组合键 Shift+A，再单击虫子右眼模型，将其快速对齐到虫子右眼模型，如图 5-103 所示。

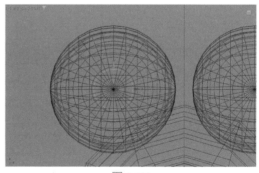

图 5-103

06 在"修改"面板中，更改其名称为"右眼控制"，设置颜色为黄色，勾选"在视口中启用"复选框，设置"厚度"为 0.1，如图 5-104 所示。

07 在"创建"面板中单击"矩形"按钮，如图 5-105 所示。

08 在"前"视图中虫子右眼模型位置创建一个矩形图形，如图 5-106 所示。

图 5-104　　　　　图 5-105

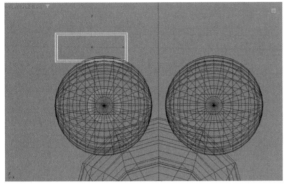

图 5-106

09 在"修改"面板中，更改其名称为"右上眼皮控制"，设置颜色为黄色，如图 5-107 所示。

图 5-107

10 使用同样的操作步骤将矩形图形对齐到圆形图形后，向上方微调其位置至图 5-108 所示。

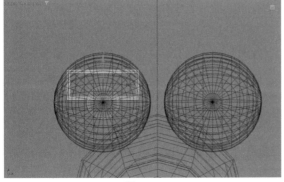

图 5-108

11 按住 Shift 键，配合移动工具向下复制一个矩形，

并调整其位置至图 5-109 所示。

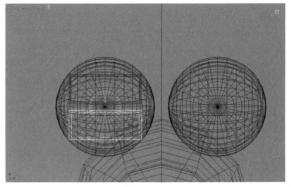

图 5-109

12 在"修改"面板中，更改其名称为"右下眼皮控制"，设置颜色为蓝色，如图 5-110 所示。

图 5-110

13 选择场景中的 2 个矩形图形，将其链接至圆形图形上，如图 5-111 所示。

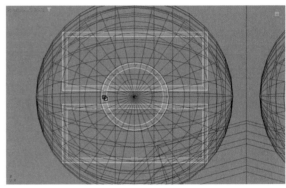

图 5-111

14 选择场景中的圆形图形和 2 个矩形图形，对其进行复制，并将其对齐至虫子的左眼位置处，如图 5-112 所示。同时，按照其上下位置也分别命名为"左上眼皮控制""左眼控制""左下眼皮控制"。

15 在"透视"视图中，沿 Y 轴调整场景中 2 个圆形图形的位置至图 5-113 所示。使得用户可以方便地在场景中选中这些图形。

16 在"前"视图中再次创建一个矩形图形，如图 5-114所示。

17 将其对齐至场景中 2 个圆形图形的中心位置处，如图 5-115 所示。

18 在"修改"面板中，更改其名称为"眼睛控制器"，设置颜色为黄色，如图 5-116 所示。

19 将场景中的 2 个圆形图形链接至眼睛控制器图形上，如图 5-117 所示。

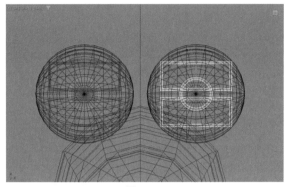

图 5-112

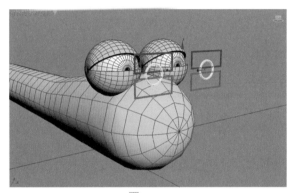

图 5-113

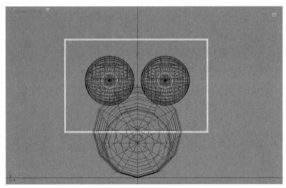

图 5-114

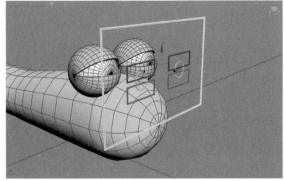

图 5-115

图 5-116

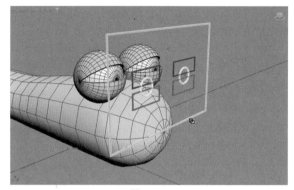

图 5-117

20 设置完成后，观察"场景资源管理器"面板，可以看到创建的各个图形控制器的上下层级关系如图 5-118 所示。

图 5-118

5.3.2 使用"反应管理器"制作虫子眼皮动画

01 在场景中选择"右上眼皮控制"图形，如图 5-119 所示。

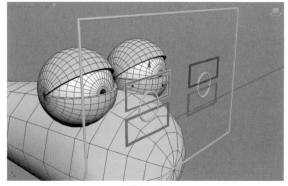

图 5-119

02 在"层次"面板中，展开"锁定"卷展栏，勾选除了"移动：Y"之外的所有属性，如图 5-120 所示。

03 在"运动"面板中展开"指定控制器"卷展栏，选择"Y 位置"属性后，该属性背景色会显示为蓝色，再单击对号形状的"指定控制器"按钮，如图 5-121 所示。

 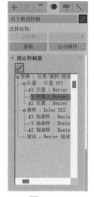

图 5-120　　　　　图 5-121

04 在弹出的"指定浮点控制器"对话框中选择"浮动限制"控制器，如图 5-122 所示。单击"确定"按钮。

05 在弹出的"浮动限制控制器"对话框中，设置上限的"启用"为 3.3，下限的"启用"为 0.6，如图 5-123 所示。

图 5-122　　　　　图 5-123

技巧与提示❖

　　这 2 个参数数值读者可以根据自己的图形大小进行微调，确保移动"右上眼皮控制"图形时，不会超出"眼睛控制器"的范围即可。

06 执行"动画"|"反应管理器"命令，在弹出的"反应管理器"面板中，单击 + 号形状的"添加反应驱动者"按钮，如图 5-124 所示。

07 在场景中单击"右上眼皮控制"图形后，在弹出

的菜单中执行"变换"|"位置"|"Y 位置"|"限制控制器：Bezier 浮点"命令，如图 5-125 所示。

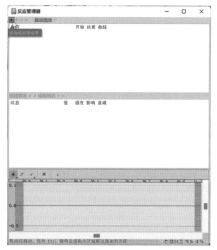

图 5-124

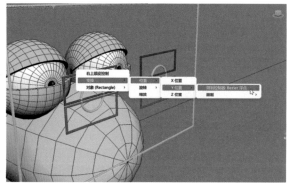

图 5-125

08 在"反应管理器"面板中，单击第 2 个 + 号形状的"添加反应驱动"按钮，如图 5-126 所示。

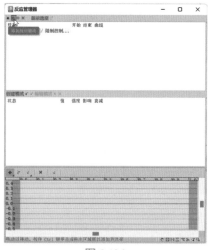

图 5-126

09 在场景中单击"右眼皮"模型后，在弹出的菜单中执行"对象（Sphere）"|"切片起始位置"命令，如图 5-127 所示。

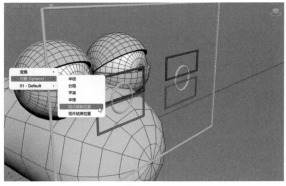

图 5-127

10 在"反应管理器"面板中，单击"创建模式"按钮，使其呈背景色为蓝色的按下状态，如图 5-128 所示。

11 选择"右眼皮"模型，在"修改"面板中，设置"切片起始位置"为 0，如图 5-129 所示。

图 5-128　　　　　　图 5-129

12 观察场景，现在虫子的右眼皮已经完全闭合，且确保"右上眼皮控制"图形在图 5-130 所示位置处时，单击"创建状态"按钮，如图 5-131 所示。

13 选择"右眼皮"模型，在"修改"面板中，设置"切片起始位置"为 -120，如图 5-132 所示。

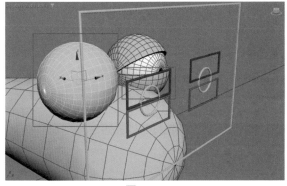

图 5-130

14 观察场景，现在虫子的右眼皮已经睁开，且确保"右上眼皮控制"图形在图 5-133 所示位置处时，再

次单击"创建状态"按钮，如图 5-134 所示。

图 5-131　　　　　　图 5-132

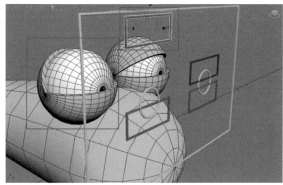

图 5-133

图 5-134

15 再次单击"创建模式"按钮，使其处于未按下状态，观察"反应管理器"面板，可以看到为"右上眼皮控制"图形所添加的 2 个状态如图 5-135 所示。

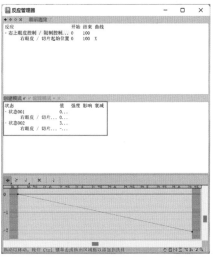

图 5-135

16 设置完成后，就可以在场景中通过移动"右上眼皮控制"图形的位置来控制虫子的眼皮睁开效果，如图 5-136 所示。

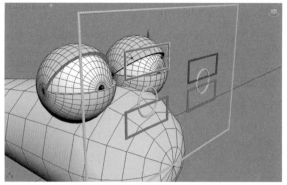

图 5-136

17 使用同样的操作步骤为"右下眼皮控制""左上眼皮控制"图形和"左下眼皮控制"图形分别设置"浮动限制"控制器，再在"反应管理器"面板中设置状态，制作出虫子眼皮动画绑定效果。

5.3.3 使用"属性承载器"制作眼珠大小动画

01 在场景中选择"眼睛控制器"图形，如图 5-137 所示。

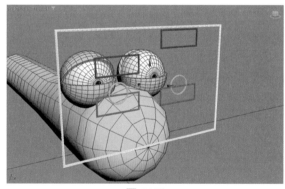

图 5-137

02 在"修改"面板中，为其添加"属性承载器"修改器，如图 5-138 所示。

图 5-138

技巧与提示❖

注意，"属性承载器"修改器比较特殊，该修改器中没有任何参数，我们需要为其添加参数并关联至场景中对象的某一属性才可以使用。

03 执行"动画"|"参数编辑器"命令，在弹出的"参数编辑器"面板中，设置"UI 类型"为 Slider，"名称"为"右眼"，设置完成后，单击"添加"按钮，如图 5-139 所示。

04 观察"修改"面板，即可在"属性承载器"修改器的下方看到新添加的参数，如图 5-140 所示。

图 5-139

图 5-140

05 选择"眼睛控制器"图形，右击并在弹出的快捷菜单中执行"连线参数"命令，如图 5-141 所示。

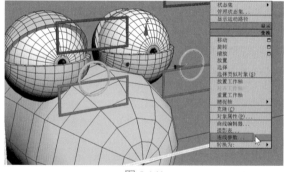

图 5-141

06 在弹出的菜单中执行"修改对象"|"属性承载器"|Custom_Attributes|"右眼"命令，如图 5-142 所示。

07 再单击右眼模型，在弹出的菜单中执行"修改对象"|"UVW 贴图"|"长度"命令，如图 5-143 所示。

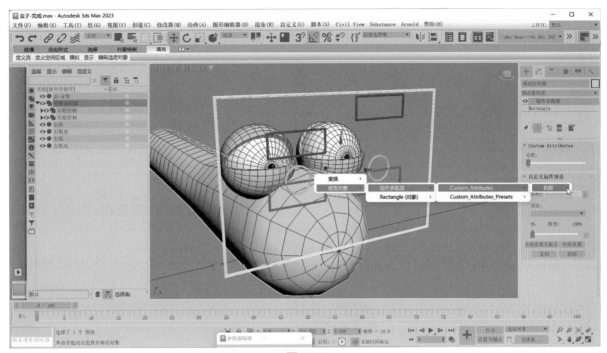

图 5-142

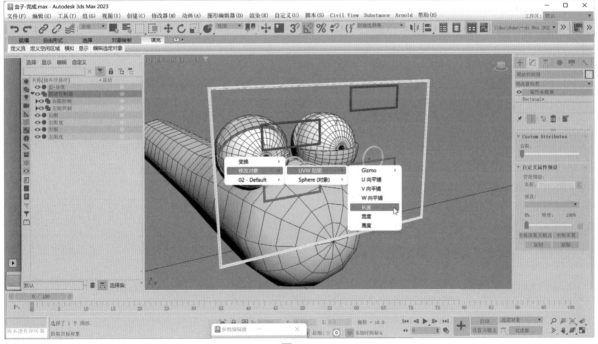

图 5-143

08 在弹出的"参数关联"面板中，单击 ----> 形状的"单项连接：左参数控制右参数"按钮后，再单击下方的"连接"按钮，如图 5-144 所示。

09 接下来，再使用左侧的"右眼"参数来控制右侧的"宽度"属性，设置完成后，可以在"参数关联"面板中查看这 3 个参数的颜色显示状态，如图 5-145 所示。

10 设置完成后，即可以通过调整"右眼"滑块来控制右眼珠的黑色部分大小，如图 5-146 所示。

11 在"参数编辑器"面板中单击"编辑 / 删除"按钮，如图 5-147 所示，会弹出"编辑属性 / 参数"对话框，如图 5-148 所示。

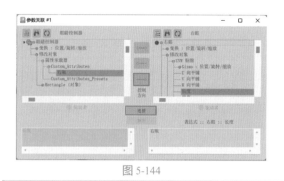

图 5-144

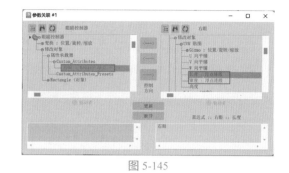

图 5-145

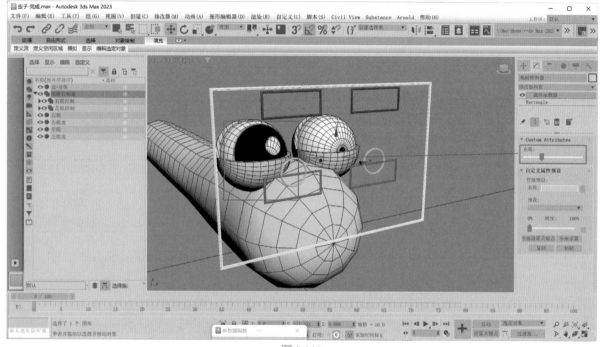

图 5-146

12 关闭对话框，回到"参数编辑器"面板中，在"浮动 UI 选项"卷展栏中，设置"范围"的"从"为 6，"到"为 30，"默认"为 9，如图 5-149 所示。

13 设置完成后，在"编辑属性/参数"对话框中单击"应用更改"按钮，如图 5-150 所示，即可完成对"右眼"模型中的"右眼"参数范围的更改。

图 5-147

图 5-148

图 5-149

图 5-150

14 接下来，可以使用同样的操作步骤添加"左眼"参数并对其进行绑定设置，如图 5-151 所示。

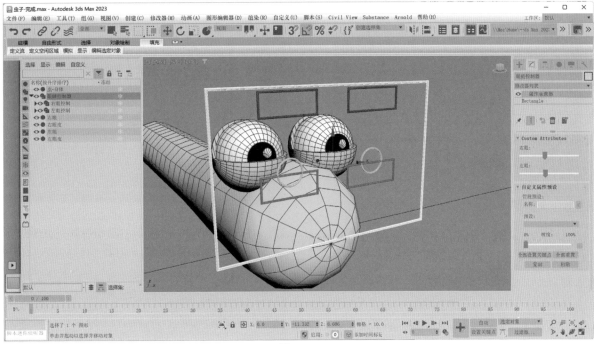

图 5-151

5.3.4 使用"注视约束"制作眼球注视动画

01 在"创建"面板中单击"点"按钮，如图 5-152 所示，在场景中创建一个点对象。

02 在"修改"面板中，勾选"三轴架""交叉""长方体"复选框，设置"大小"为 8，如图 5-153 所示。

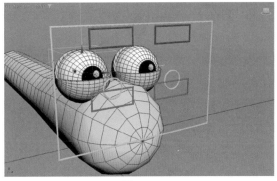

图 5-154

图 5-155

图 5-152　　　　　图 5-153

03 选择点对象，按组合键 Shift+A，将其快速对齐至右眼模型，如图 5-154 所示。

04 选择右眼模型和右眼皮模型，单击"主工具栏"上的"选择并链接"按钮，如图 5-155 所示。

05 将所选择的模型链接至点对象，如图 5-156 所示。

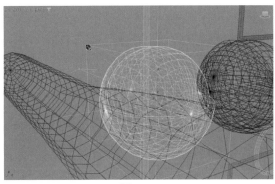

图 5-156

06 选择点对象，执行"动画"|"约束"|"注视约束"命令，再单击"右眼控制"图形，如图 5-157 所示。

图 5-157

07 在"注视约束"卷展栏中，勾选"保持初始偏移"复选框，如图 5-158 所示。这样，右眼的方向就恢复为初始状态了，如图 5-159 所示。

图 5-158

图 5-159

08 以同样的操作步骤为虫子的左眼也进行注视约束设置，如图 5-160 所示。

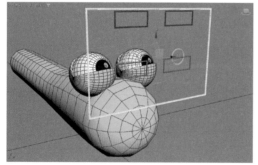

图 5-160

09 在场景中创建一个点对象，并更改其颜色为红色，如图 5-161 所示。

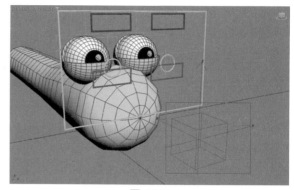

图 5-161

10 执行"动画"|"约束"|"附着约束"命令，再单击虫子身体模型，将点对象附着约束至虫子身体模型，如图 5-162 所示。

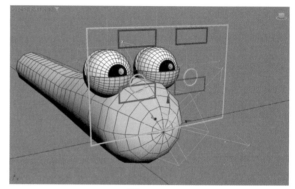

图 5-162

11 在"附着参数"卷展栏中，单击"设置位置"按钮，如图 5-163 所示。

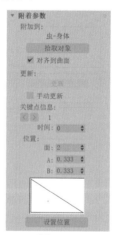

图 5-163

12 将点对象位置设置至图 5-164 所示。

13 选择场景中左眼和右眼位置处的点对象，将其链接至最后创建的点对象上，如图 5-165 所示。

14 设置完成后，移动虫子身体位置，可以看到虫子的 2 只眼睛也会一起跟随移动，且眼睛会一直注视眼睛控制器图形，如图 5-166 所示。

图 5-164

图 5-165

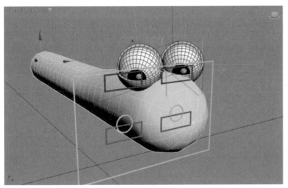

图 5-166

5.3.5　创建虫子骨骼

01 在"创建"面板中单击"骨骼"按钮，如图 5-167 所示。

图 5-167

02 在"左"视图中，从虫子头部向虫子尾部开始创建骨骼，如图 5-168 所示。

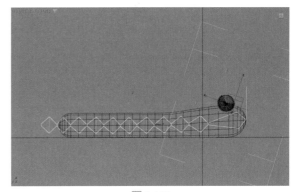

图 5-168

技巧与提示 ✤

创建骨骼时，虫子头部的骨骼应该创建得略长一些。

03 在"创建"面板中单击"线"按钮，如图 5-169 所示。

图 5-169

04 在"左"视图中绘制出一条与虫子身体长度接近的直线，如图 5-170 所示。

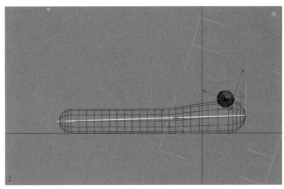

图 5-170

技巧与提示 ✤

绘制直线时应注意从右向左进行绘制，也就是从虫子头部的位置向虫子尾部进行绘制。

05 在"修改"面板中，设置"拆分"为5，再单击"拆分"按钮，如图5-171所示。

图 5-171

06 设置完成后，可以看到刚刚绘制的直线被拆分成了很多小线段，如图5-172所示。

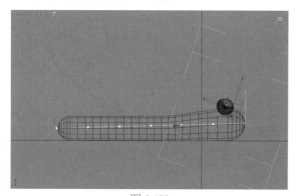

图 5-172

07 在场景中选择虫子头部的第1节骨骼，如图5-173所示。

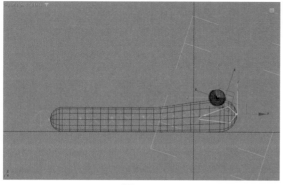

图 5-173

08 执行"动画"|"IK 结算器"|"样条线 IK 结算器"命令，再单击虫子尾巴位置处的最后一节骨骼，然后再单击场景中刚刚绘制的直线，即可为虫子骨骼创建样条线 IK 结算器，如图5-174所示。

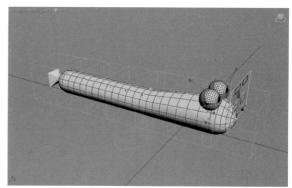

图 5-174

09 在场景中创建 2 个圆形图形，并分别对齐至虫子头部和身体中间的点对象，如图5-175所示。

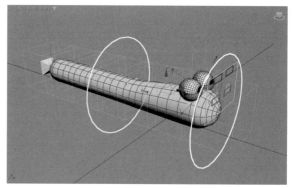

图 5-175

10 选择虫子头部骨骼位置处的点对象，将其链接至其同一个位置上的圆形图形，如图5-176所示。

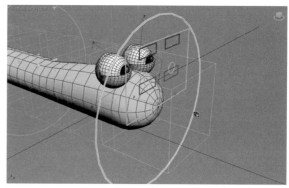

图 5-176

11 在"修改"面板中，更改该圆形图形的名称为"总控制器"，如图5-177所示。

图 5-177

12 选择虫子中间骨骼位置处的点对象，将其链接至其同一个位置上的圆形图形，如图 5-178 所示。

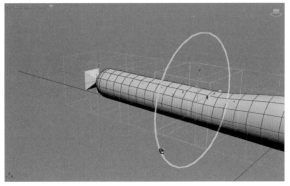

图 5-178

13 在"修改"面板中，更改该圆形图形的名称为"身体控制器"，如图 5-179 所示。

图 5-179

14 选择虫子中间骨骼后面的第 1 个点对象，如图 5-180 所示。将其链接至"身体控制器"前方的点对象，如图 5-181 所示。

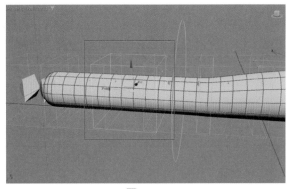

图 5-180

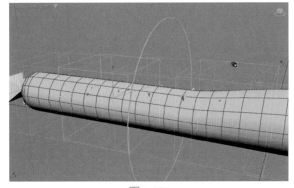

图 5-181

15 选择"身体控制器"图形和"眼睛控制器"图形，将其链接至"总控制器"图形上，如图 5-182 所示。

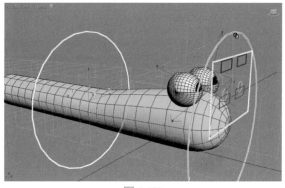

图 5-182

16 选择虫子身体模型，在"修改"面板中添加"蒙皮"修改器，如图 5-183 所示。

17 在"参数"卷展栏中，单击"骨骼"后面的"添加"按钮，如图 5-184 所示。

图 5-183　　　　　　图 5-184

18 在弹出的"选择骨骼"对话框中，选中场景中的所有骨骼对象，被选中的骨骼对象背景会呈蓝色显示，如图 5-185 所示。

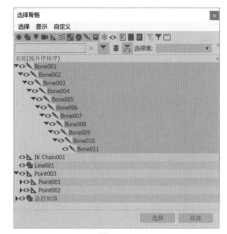

图 5-185

19 设置完成后，可以移动总控制器图形来测试一下虫子的绑定效果。

5.3.6 制作虫子爬行关键帧动画

01 单击软件界面下方右侧的"自动"按钮，使其处于背景色为红色的按下状态，如图 5-186 所示。

02 在 20 帧位置处，移动"身体控制器"图形的位置至图 5-187 所示，制作出虫子模型的拱起状态。

03 选择"总控制器"图形，在 20 帧位置处，右击"时间滑块"按钮，如图 5-188 所示。

图 5-186

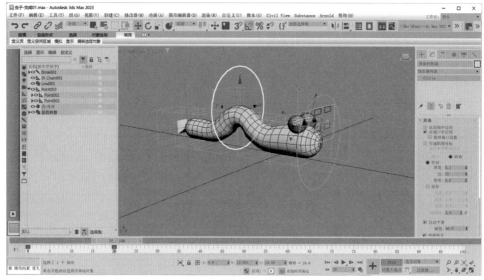

图 5-187

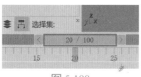

图 5-188

04 在弹出的"创建关键点"对话框中，仅勾选"位置"复选框，如图 5-189 所示。

05 在 40 帧位置处，沿 Y 轴方向调整"总控制器"图形的位置至图 5-190 所示。

图 5-189

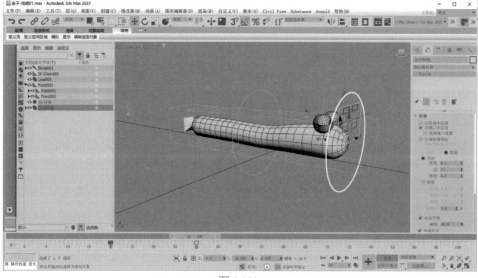

图 5-190

06 在 40 帧位置处，移动"身体控制器"图形的位置至图 5-191 所示，制作出虫子模型身体拉平的状态。

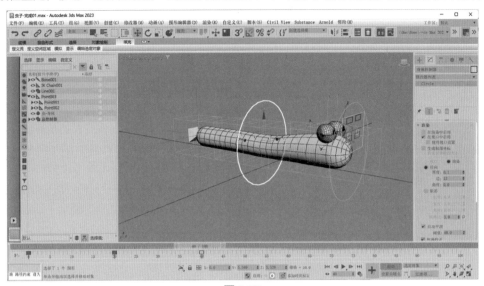

图 5-191

07 在 10 帧位置处，调整"右上眼皮控制"和"左上眼皮控制"图形的位置至图 5-192 所示，制作出虫子闭眼睛的效果。

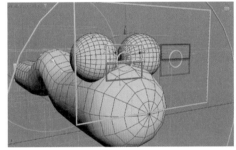

图 5-192

08 在 20 帧位置处，调整"右上眼皮控制"和"左上眼皮控制"图形的位置至图 5-193 所示，制作出虫

子睁眼睛的效果。

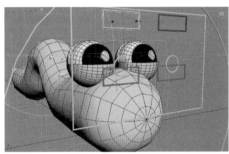

图 5-193

09 设置完成后，选择"右上眼皮控制"和"左上眼皮控制"图形，将其从 0 帧到 10 帧的关键帧进行复制，并移动至 40 帧到 60 帧位置处，制作出虫子第 2 次眨眼睛的动画效果，如图 5-194 所示。

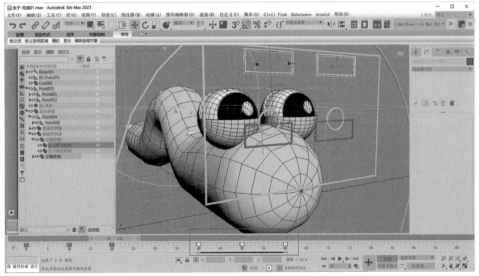

图 5-194

10 再次单击"自动"按钮，关闭自动关键点模式，播放场景动画，本实例制作完成的虫爬行动画效果如图 5-195 所示。

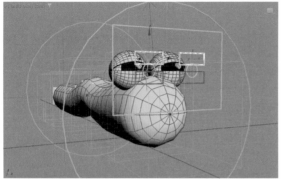

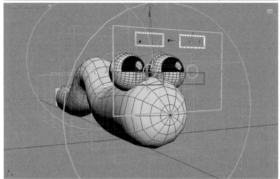

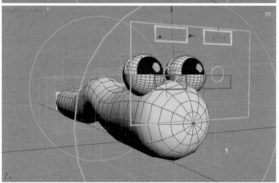

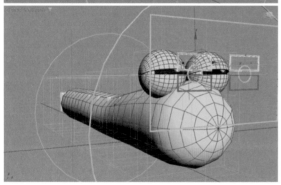

图 5-195

技巧与提示 ❖

用户可以举一反三，继续制作出虫子向前爬行及眨眼睛的动画效果。

5.4
实例：人群群组动画

当我们在制作建筑表现动画时，常常需要在场景中制作一些行人来回走动或者驻足停留的群组动画效果。当建筑表现项目中的动画镜头对画面中的人物没有提出具体制作要求的情况下，就可以使用"填充"系统来为动画场景添加角色。本实例制作完成的人群行走动画如图 5-196 所示。

图 5-196

5.4.1 制作人群行走动画

01 启动中文版 3ds Max 2023 软件，打开配套资源文件"楼房 .max"，里面为一栋设置好了材质的楼房模型，如图 5-197 所示。

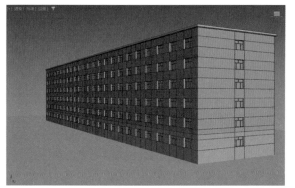

图 5-197

02 执行"自定义"|"单位设置"命令，如图 5-198 所示。

图 5-198

03 在弹出的"单位设置"对话框中，可以看到本场景的单位显示为"米"，单击"系统单位设置"按钮，如图 5-199 所示。

图 5-199

04 在弹出的"系统单位设置"对话框中，可以看到系统单位比例为 1 单位 =1 毫米，如图 5-200 所示。

图 5-200

05 在"创建"面板中单击"卷尺"按钮，如图 5-201 所示。

图 5-201

06 在"前"视图中，测量该楼房的高度约 18 米，如图 5-202 所示。基本符合真实世界中一栋六层楼的高度，那么，我们就可以制作角色动画了。

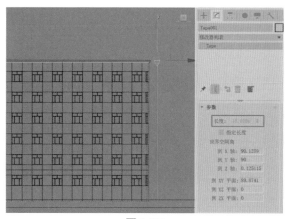

图 5-202

07 单击 Ribbon 面板中的"创建流"按钮，如图 5-203 所示。

08 在"顶"视图中，创建出角色行走的范围，如图 5-204 所示。

09 在"修改"面板中，设置"宽度"为5m，"入口"组内的各个滑块位置如图 5-205 所示。

⑩ 设置"数字帧数"为100，单击"模拟"按钮，如图5-206所示。经过一段时间的计算后，可以看到带有行走动画的角色就添加完成了，如图5-207所示。

图 5-203

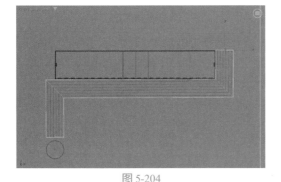

图 5-204

图 5-205

图 5-206

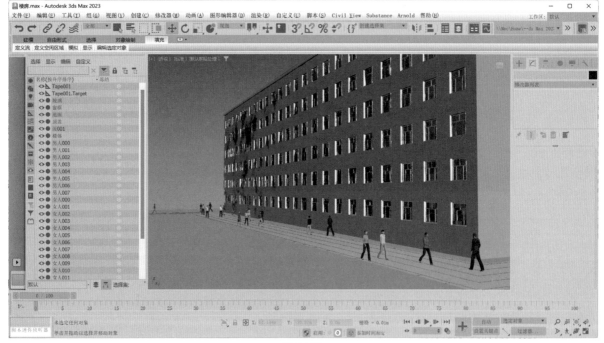

图 5-207

技巧与提示 ❖

当用户首次使用群组模拟填充系统时，单击"模拟"按钮后，系统会提示用户需要联网下载角色数据安装包，下载完成并安装好该文件后，即可正确进行角色动画的计算。

11 系统所生成的角色位置及衣服颜色都是随机的，如果有个别的角色在镜头中挡住了一些我们所要展示的建筑细节，有 2 种方式可以处理：一是选择该角色，如图 5-208 所示。再单击"删除"按钮，如图 5-209 所示，即可将该角色单独删除。

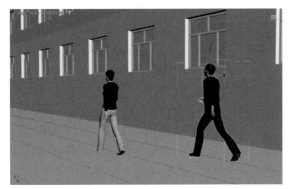

图 5-208

图 5-209

12 二是右击该角色，在弹出的快捷菜单中执行"隐藏选定对象"命令，如图 5-210 所示。将所选择的角色模型隐藏起来。

图 5-210

13 添加了角色行走动画后的视图显示效果如图 5-211 所示。

图 5-211

5.4.2　制作人物驻足停留动画

01 建筑动画中不仅仅需要有行人行走的动画效果，还需要有一些行人在驻足聊天的动画效果。群组模拟填充系统还提供了角色坐在凳子上以及驻足聊天等动画生成功能。单击"创建圆形空闲区域"按钮，如图 5-212 所示。

图 5-212

02 在场景中创建一个圆形的区域，如图 5-213 所示。

图 5-213

03 在"修改"面板中，设置"人"组内的各个滑块位置如图 5-214 所示。

图 5-214

04 设置完成后，可以看到场景中的空闲区域内出现一些粉色和蓝色的图标，代表这些位置会生成 3 个女性角色和 2 个男性角色，如图 5-215 所示。

05 设置"数字帧数"为 100，单击"模拟"按钮，如图 5-216 所示。经过一段时间的计算后，可以看到带有驻足动画的角色就添加完成了，如图 5-217 所示。

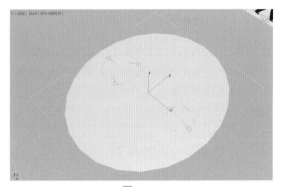

图 5-215

图 5-216

图 5-217

06 还可以选择场景中的任意同性别角色模型进行调换位置。例如在场景中选择如图 5-218 所示的 2 名女性角色。

图 5-218

07 单击"交换外观"按钮,如图 5-219 所示。这时,可以看到所选择的 2 个角色的外观进行了交换,如图 5-220 所示。

图 5-219

图 5-220

08 添加了角色驻足动画后的视图显示效果如图 5-221 所示。

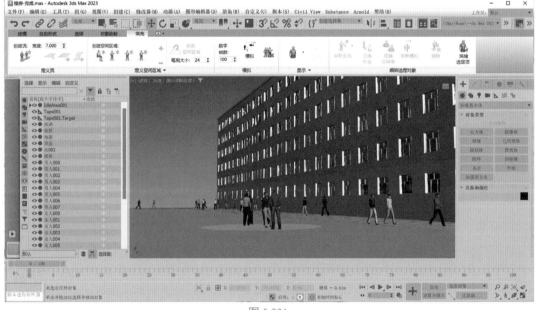

图 5-221

第 6 章
动力学动画

　　3ds Max 2023 为动画师提供了多个功能强大且易于掌握的动力学动画模拟系统，例如 MassFX 动力学及 Cloth 修改器，主要用来制作运动规律较为复杂的刚体碰撞动画和布料运动动画，这些内置的动力学动画模拟系统不但为特效动画师提供了效果逼真、合理的动力学动画模拟解决方案，还极大地节省了手动设置关键帧所消耗的时间。

6.1
实例：铁链掉落动画

　　本实例将使用 MassFX 动力学来模拟铁链掉落的动画效果，图 6-1 所示为本实例的动画完成渲染效果。

图 6-1

图 6-1（续）

01 启动中文版 3ds Max 2023 软件，打开配套资源文件"铁链 .max"，里面有一个铁链单体模型和一个圆环模型，如图 6-2 所示。

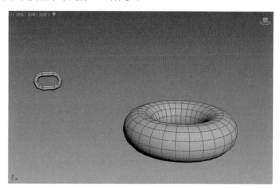

图 6-2

02 在"主工具栏"空白位置处右击，在弹出的快捷菜单中执行"MassFX 工具栏"命令，如图 6-3 所示，即可在界面中显示出"MassFX 工具栏"，如图 6-4 所示。

03 选择场景中的铁链单体模型，在"MassFX 工具栏"中单击"将选定项设置为动力学刚体"按钮，如图 6-5 所示。

04 设置完成后，铁链单体模型的视图显示效果如图 6-6 所示。

图 6-3

图 6-4

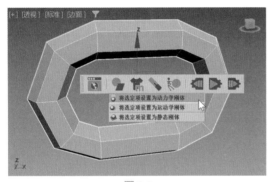

图 6-5

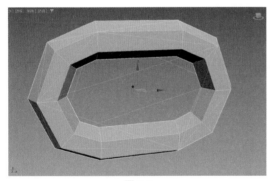

图 6-6

05 观察"修改"面板,可以看到铁链单体模型自动添加了一个 MassFX Rigid Body 修改器,如图 6-7 所示。

图 6-7

06 在"物理图形"卷展栏中,设置"图形类型"为"凹面",如图 6-8 所示。

07 在"物理网格参数"卷展栏中,单击"生成"按钮,如图 6-9 所示,即可看到铁链单体模型上生成网格显示,效果如图 6-10 所示。

图 6-8   图 6-9

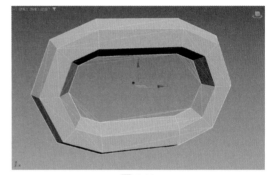

图 6-10

08 在"物理网格参数"卷展栏中,设置"网格细节"为 100% 后,再次单击"生成"按钮,如图 6-11 所示,即可看到铁链单体模型上生成网格显示,效果如图 6-12 所示。

图 6-11

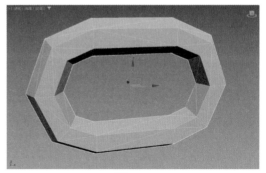

图 6-12

09 选择铁链单体模型，对其进行复制并调整角度和位置至图 6-13 所示。

10 选择这 2 个铁链单体模型，再次进行复制，在弹出的"克隆选项"对话框中，设置"副本数"为 10，如图 6-14 所示。制作出如图 6-15 所示的一段铁链模型。

11 选择场景中的圆环模型，单击"将选定项设置为静态刚体"按钮，如图 6-16 所示。

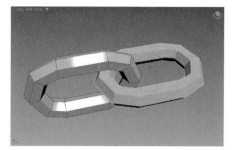

图 6-13

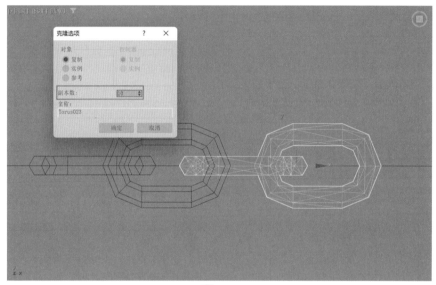

图 6-14

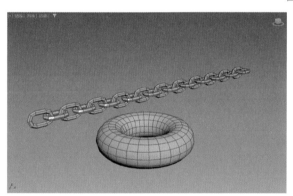

图 6-15

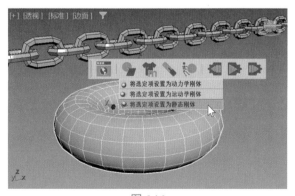

图 6-16

12 在"物理图形"卷展栏中，设置"图形类型"为"凹面"，如图 6-17 所示。

13 在"物理网格参数"卷展栏中，单击"生成"按钮，如图 6-18 所示，即可看到铁链单体模型上生成网格显示，效果如图 6-19 所示。

14 在"MassFX 工具"对话框中，设置"子步数"为 10，"解算器迭代数"为 30，如图 6-20 所示。

15 在场景中，选择构成铁链的所有单体模型，如图 6-21 所示。

图 6-17

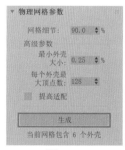

图 6-18

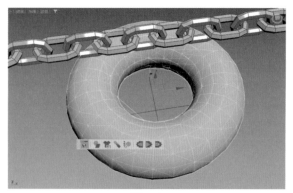

图 6-19

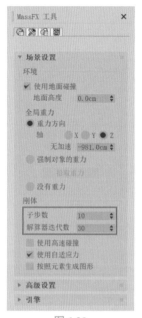

图 6-20

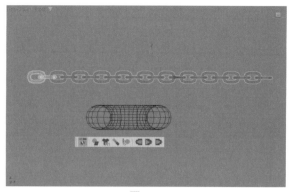

图 6-21

16 在"MassFX 工具"对话框中,单击"烘焙"按钮,如图 6-22 所示。

图 6-22

17 经过一段时间的计算,即可得到铁链下落的动画效果,如图 6-23 所示。

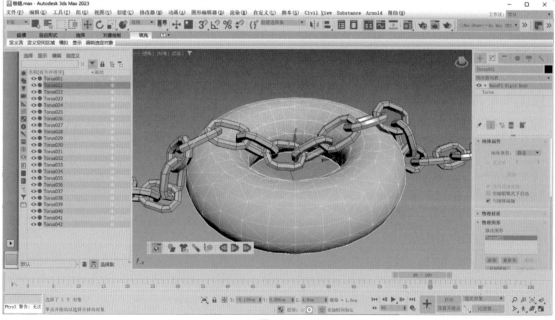

图 6-23

18 动力学动画模拟完成后，选择场景中构成铁链的所有单体模型，在"修改"面板中添加"网格平滑"修改器，并设置"迭代次数"为2，如图6-24所示。

图 6-24

19 设置完成后，可以得到看起来更加平滑的铁链模型，效果如图6-25所示。

图 6-25

6.2
实例：撞击破碎动画

本实例将使用MassFX动力学来模拟撞击破碎的动画效果，图6-26所示为本实例的动画完成渲染效果。

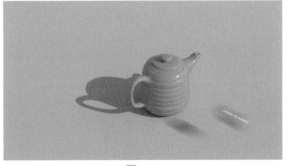

图 6-26

图 6-26（续）

6.2.1　使用 ProCutter 制作破碎模型

01 启动中文版3ds Max 2023软件，打开配套资源文件"茶壶.max"，里面有一个茶壶和壶盖模型，如图6-27所示。

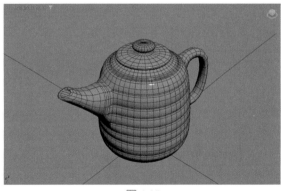

图 6-27

02 在"创建"面板中单击"球体"按钮，如图6-28所示。

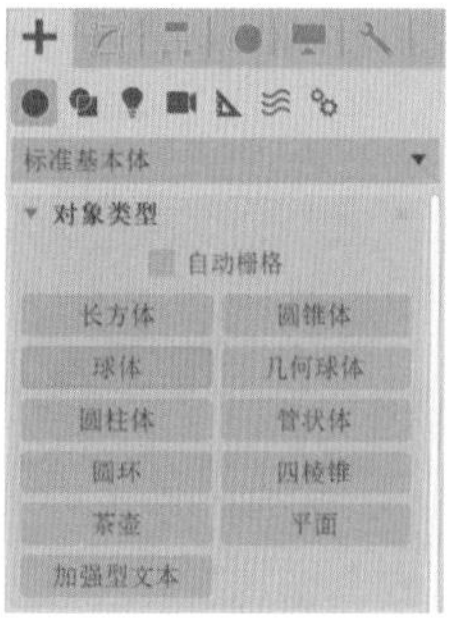

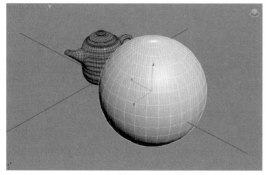

图 6-28

03 在场景中绘制一个如图 6-29 所示大小的球体模型。

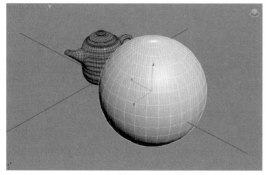

图 6-29

04 选择球体，右击，并在弹出的快捷菜单中执行"转换为"|"转换为可编辑多边形"命令，如图 6-30 所示。

图 6-30

05 在"前"视图中选择如图 6-31 所示的面，对其进行删除操作，得到的结果如图 6-32 所示。

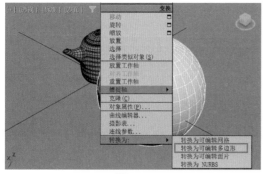

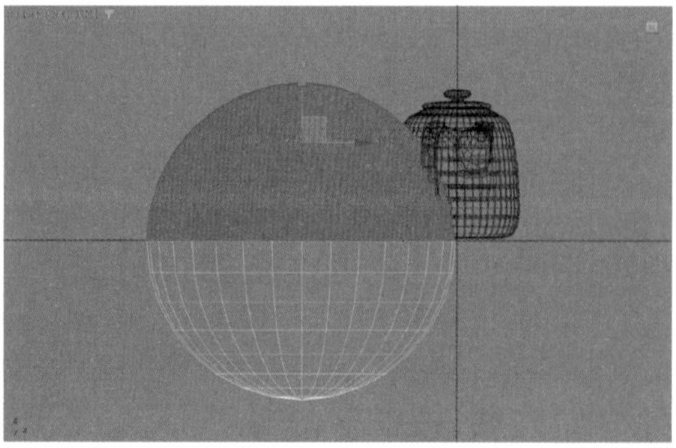

图 6-31

06 在"元素"子对象层级，选择剩下的半个球体模

型，如图 6-33 所示。按 E 键将鼠标的操作状态切换至"旋转"命令，并按住 Shift 键对其进行"复制"操作，如图 6-34 所示。

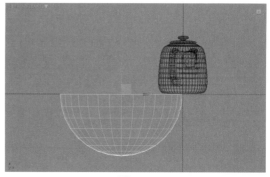

图 6-32

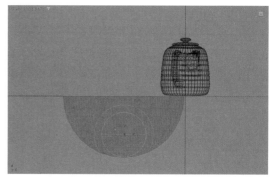

图 6-33

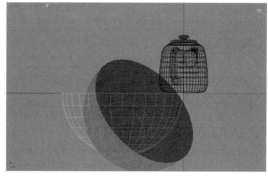

图 6-34

07 重复以上操作步骤，多复制几个半球模型，并随意调整旋转角度和大小，得到如图 6-35 所示的模型效果。

图 6-35

08 调整球体模型的位置至图 6-36 所示，使得修改后的球体模型与场景中的茶壶模型相互重合。

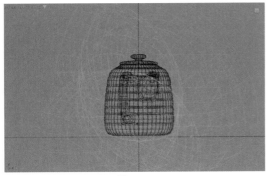

图 6-36

09 选择球体模型，在"创建"面板中，将"几何体"的下拉列表切换至"复合对象"，单击 ProCutter 按钮，如图 6-37 所示。

10 在"修改"面板中，展开"切割器拾取参数"卷展栏，勾选"自动提取网格"和"按元素展开"复选框，如图 6-38 所示。

图 6-37

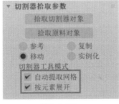

图 6-38

11 在"切割器参数"卷展栏中，勾选"被切割对象在切割器对象之内"复选框，如图 6-39 所示。

12 设置完成后，单击"切割器拾取参数"卷展栏中的"拾取原料对象"按钮，如图 6-40 所示，再拾取场景中的茶壶模型，即可将茶壶模型切割成大小不一的破碎效果。

图 6-39

图 6-40

13 切割计算完成后，即可删除场景中的球体模型，最终茶壶模型的破碎效果如图 6-41 所示。

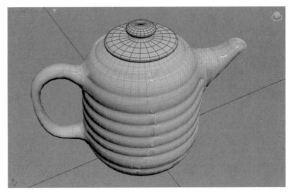

图 6-41

技巧与提示 ❖

由于我们所要制作的模型破碎是一个比较随机、自然的效果，所以用户在尝试本小节的技术操作时，使用 ProCutter 按钮所制作出来的茶壶模型碎片的数量及模型破碎的位置无须与本小节所显示的效果一样。

6.2.2 动力学模拟

01 单击"创建"面板中的"球体"按钮，如图 6-42 所示。

图 6-42

02 在"顶"视图中创建一个球体模型，如图 6-43 所示。

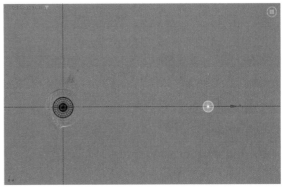

图 6-43

03 在"修改"面板中,调整球体的"半径"为"3cm",如图 6-44 所示。

图 6-44

04 将"新建关键点的默认入 / 出切线"设置为"线性",如图 6-45 所示。

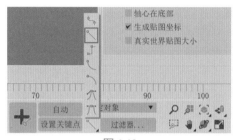

图 6-45

05 在 0 帧的位置处,将小球的位置调整到图 6-46 所示位置。

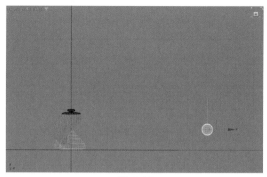

图 6-46

06 单击软件界面下方右侧的"自动"按钮,使其处于背景色为红色的按下状态,如图 6-47 所示。

图 6-47

07 调整"时间滑块"按钮至 3 帧位置处,将小球的位置调整到图 6-48 所示位置,制作出小球匀速运动的动画。

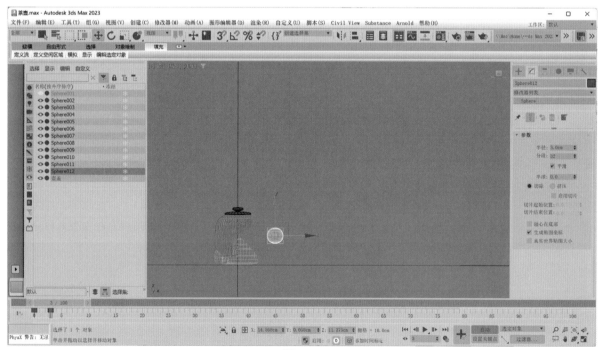

图 6-48

08 由于我们要设置小球的动画效果参与到动力学计算当中,所以选择场景中的小球,在"MassFX 工具栏"中单击"将选定项设置为运动学刚体"按钮,如图 6-49 所示。

09 在"MassFX 工具"对话框中,勾选"刚体属性"卷展栏中的"直到帧"复选框,并设置"直到帧"为 3;在"物理材质属性"卷展栏中,设置小球的"质量"为 1,如图 6-50 所示。

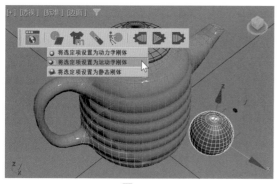

图 6-49

图 6-50

⑩ 在场景中选择茶壶的所有碎片模型,在 "MassFX 工具栏"中执行"将选定项设置为动力学 刚体"命令,如图 6-51 所示。

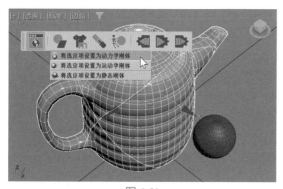

图 6-51

⑪ 在本实例中,如果希望茶壶碎片模型在小球还没 有撞击上之前保持住初始位置,在 "FassFX 工具" 对话框中,勾选"在睡眠模式中启动"复选框,如 图 6-52 所示。

⑫ 在"场景设置"选项卡中,设置"刚体"组中的 "子步数"为 10,设置"解算器迭代数"为 40,提 高动力学的解算精度,如图 6-53 所示。

图 6-52

图 6-53

⑬ 选择场景中的所有茶壶碎片模型和小球模型,如 图 6-54 所示。

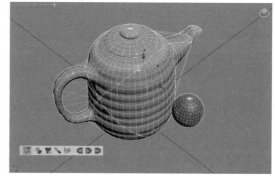

图 6-54

⑭ 在 "MassFX 工具"对话框中,单击"刚体属性" 卷展栏中的"烘焙"按钮,计算动力学动画,如图 6-55 所示。

图 6-55

⑮ 动力学动画计算完成后,拖动"时间滑块"按 钮,本实例计算出来的茶壶被小球击碎所产生的动画 效果如图 6-56 所示。

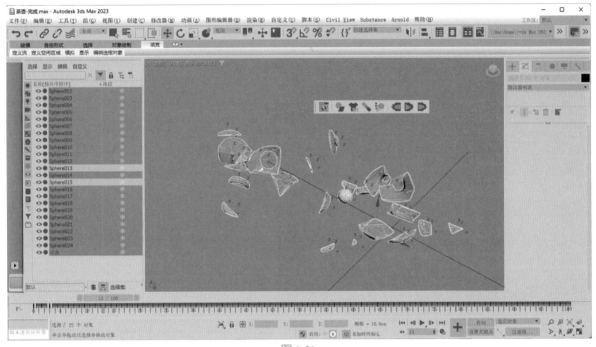

图 6-56

6.3
实例：小旗飞舞动画

本实例将使用 Cloth 修改器来模拟小旗飞舞的布料动力学动画效果，图 6-57 所示为本实例的动画完成渲染效果。

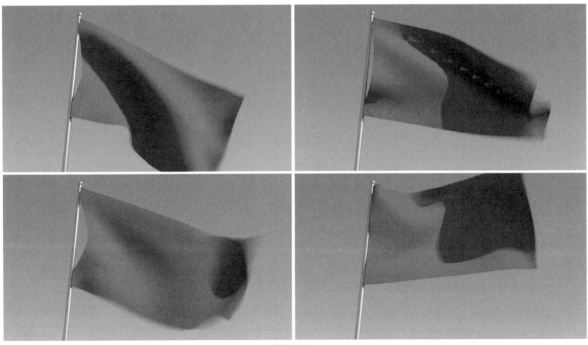

图 6-57

01 启动中文版 3ds Max 2023 软件，打开配套资源文件"小旗 .max"，里面有一个小旗的模型，如图 6-58 所示。

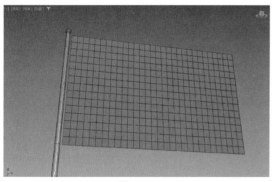

图 6-58

02 选择红色的小旗模型，在"修改"面板中，为其添加 Cloth 修改器后，在"对象"卷展栏中，单击"对象属性"按钮，如图 6-59 所示。

图 6-59

03 在弹出的"对象属性"对话框中，将小旗设置为"布料"，在"预设"里设置为 Silk（丝绸），如图 6-60 所示。

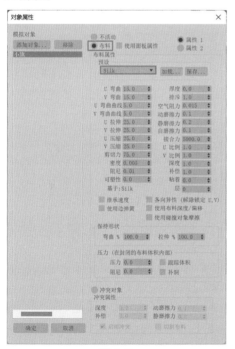

图 6-60

04 在"创建"面板中单击"风"按钮，如图 6-61 所示。在场景中创建一个风对象。

05 在"修改"面板中，设置"强度"为 10，"湍流"为 10，"频率"为 0.5，如图 6-62 所示。

图 6-61　　　　　　　图 6-62

06 在场景中调整风对象的旋转角度至图 6-63 所示。

图 6-63

07 选择红色小旗模型，在"对象"卷展栏中，单击"布料力"按钮，如图 6-64 所示。

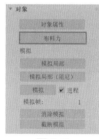

图 6-64

08 在弹出的"力"对话框中，选择场景中的力，单击 > 按钮，如图 6-65 所示，将其移动至"模拟中的力"中，如图 6-66 所示。

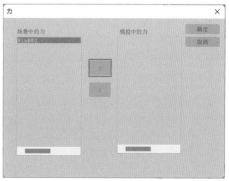

图 6-65

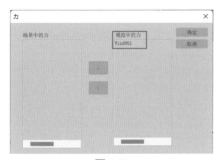

图 6-66

09 在"修改"面板中，单击 Cloth 修改器下方的"组"按钮，如图 6-67 所示。

图 6-67

10 在场景中选择图 6-68 所示的顶点。

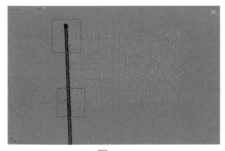

图 6-68

11 在"组"卷展栏中，单击"设定组"按钮，如图 6-69 所示。

12 在弹出的"设定组"对话框中，单击"确定"按钮，如图 6-70 所示。

图 6-69

图 6-70

13 在"组"卷展栏中，单击"节点"按钮，拾取场景中的旗杆模型，即可看到"组"下方的文本框内显示出组被节点链接到场景中的旗杆模型上，如图 6-71 所示。

14 在"对象"卷展栏中，单击"模拟"按钮，如图 6-72 所示，开始进行布料动力学模拟计算，如图 6-73 所示。

图 6-71

图 6-72

15 计算完成后，播放场景动画，本实例制作出来的小旗飞舞动画效果如图 6-74 所示。

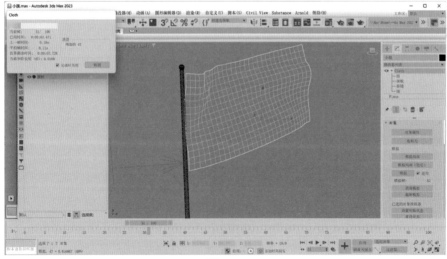

图 6-73

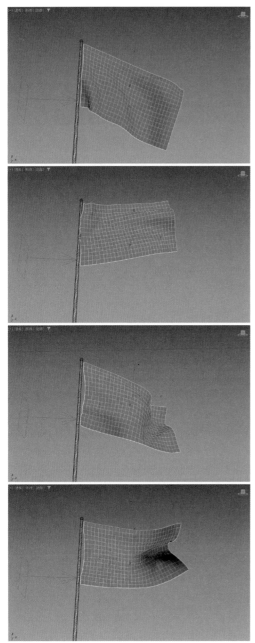

图 6-74

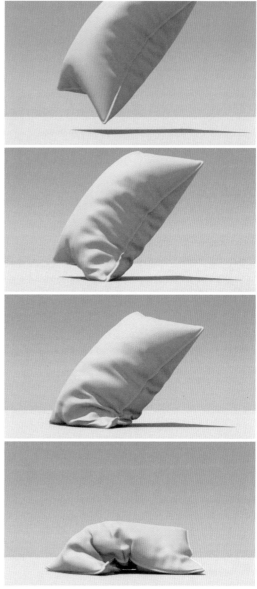

图 6-75

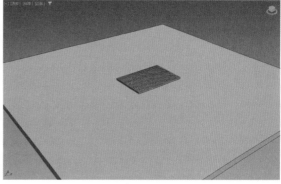

图 6-76

6.4
实例：充气枕头动画

本实例将使用 Cloth 修改器来模拟充气枕头的布料动力学动画效果，图 6-75 所示为本实例的动画完成渲染效果。

01 启动中文版 3ds Max 2023 软件，打开配套资源文件"枕头 .max"，里面有 2 个长方体模型，如图 6-76 所示。

02 选择场景中绿色的长方体模型，在"修改"面板中查看其参数设置，如图 6-77 所示，该长方体模型用来制作本实例中的枕头模型。

图 6-77

03 在场景中调整绿色枕头模型的位置和角度至图 6-78 所示。

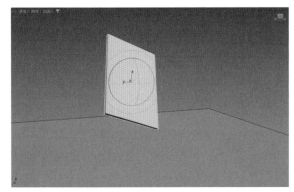

图 6-78

技巧与提示❖

要先调整好枕头的位置和角度再添加Cloth修改器。

04 选择绿色的枕头模型，在"修改"面板中为其添加 Cloth 修改器后，在"对象"卷展栏中，单击"对象属性"按钮，如图 6-79 所示。

05 在弹出的"对象属性"对话框中，将枕头设置为"布料"，设置"压力"为 10，如图 6-80 所示。

图 6-79

06 在"对象属性"对话框中单击上方左侧的"添加对象"按钮，如图 6-81 所示。

07 在弹出的"添加对象到布料模拟"对话框中选择"地面"模型，单击"添加"按钮，如图 6-82 所示。

图 6-80

图 6-81

图 6-82

08 在"对象属性"对话框中选择"地面"模型，将其设置为"冲突对象"，如图 6-83 所示。

图 6-83

09 在"对象"卷展栏中单击"模拟"按钮,如图 6-84 所示,开始进行布料动力学模拟计算,如图 6-85 所示。

图 6-84

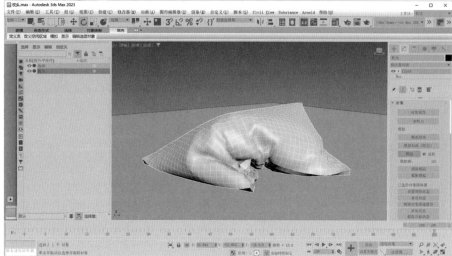

图 6-85

10 在"修改"面板中,为枕头模型添加"编辑多边形"修改器,如图 6-86 所示。

图 6-86

11 选择如图 6-87 所示的边线。

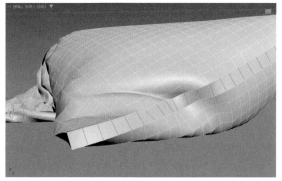

图 6-87

图 6-88

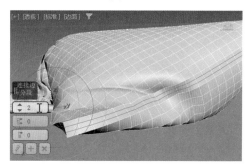

图 6-89

12 在"编辑边"卷展栏中,单击"连接"后面的方形按钮,如图 6-88 所示,添加出如图 6-89 所示的边线效果。

13 选择如图 6-90 所示的面。

14 在"编辑多边形"卷展栏中,单击"挤出"后面的方形按钮,如图 6-91 所示,制作出如图 6-92 所示的模型效果。

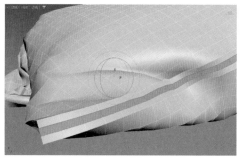

图 6-90

图 6-91

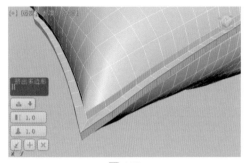

图 6-92

15 设置完成后,在"修改"面板中,为枕头模型添加"网格平滑"修改器,在"细分量"卷展栏中,设置"迭代次数"为 2,如图 6-93 所示。

图 6-93

16 播放场景动画,本实例所制作的充气枕头动画效果如图 6-94 所示。

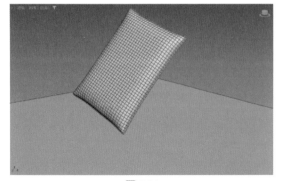

图 6-94

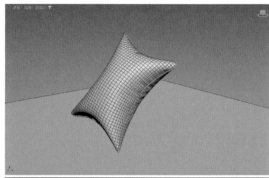

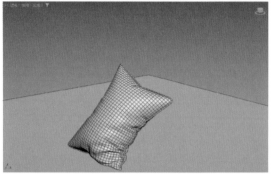

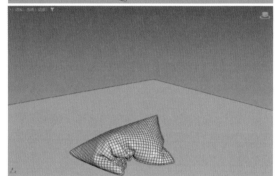

图 6-94(续)

6.5
实例:海洋球模拟动画

本实例将使用 MassFX 动力学来模拟海洋球下落的动力学动画效果,并讲解如何制作随机颜色材质,图 6-95 所示为本实例的动画完成渲染效果。

图 6-95

图 6-95（续）

6.5.1 制作海洋球下落动画

01 启动中文版 3ds Max 2023 软件，打开配套资源文件"池子 .max"，里面有 1 个池子模型和一些球体模型，这些球体模型用来当作游乐场里的海洋球模型，如图 6-96 所示。

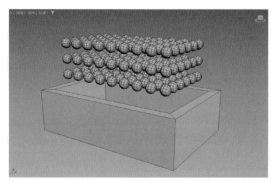

图 6-96

02 选择场景中的池子模型，单击"将选定项设置为静态刚体"按钮，如图 6-97 所示。

03 在"物理图形"卷展栏中，设置"图形类型"为

"原始的"，如图 6-98 所示。

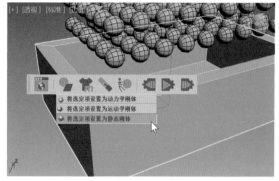

图 6-97

图 6-98

技巧与提示❖

当模型非常简单时，可以将"图形类型"设置为"原始的"来进行动力学模拟计算。同时，观察"物理网格参数"卷展栏，可以发现该网格类型没有任何参数，如图6-99所示。

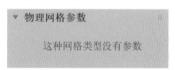

图 6-99

04 选择场景中的所有海洋球模型，单击"将选定项设置为动力学刚体"按钮，如图 6-100 所示。

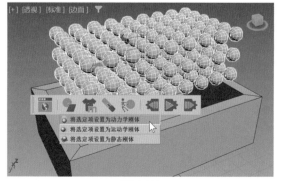

图 6-100

05 在"MassFX 工具"对话框中，展开"物理材质属性"卷展栏，设置"反弹力"为 1，如图 6-101 所示。

06 在"MassFX 工具"对话框中，展开"场景设置"卷展栏，设置"子步数"为 10，"解算器迭代数"为30，如图 6-102 所示。

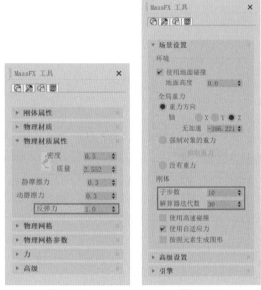

图 6-101　　　　图 6-102

07 在"MassFX 工具"对话框中，展开"刚体属性"卷展栏，单击"烘焙"按钮，如图 6-103 所示，即可开始进行球体的下落动画模拟，如图 6-104 所示。

08 经过一段时间的计算，球体下落的动画模拟效果如图 6-105 所示。

09 在"创建"面板中单击"平面"按钮，如图 6-106所示。在场景中创建一个平面模型用来当作地面模型，如图 6-107 所示。

10 在"创建"面板中单击"太阳定位器"按钮，如图 6-108 所示，在场景中创建一个太阳定位器灯光，如图 6-109 所示。

11 设置完成后，渲染场景，渲染效果如图 6-110所示。

图 6-103

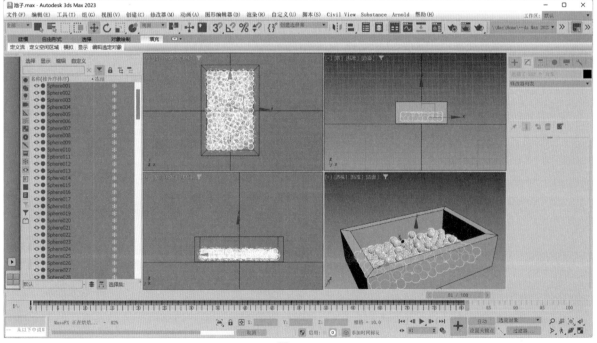

图 6-104

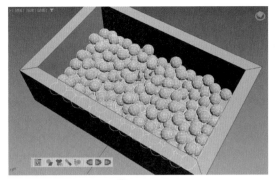

图 6-105

图 6-106

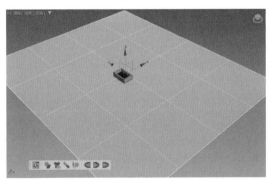

图 6-107

图 6-108

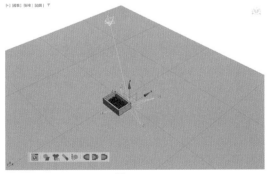

图 6-109

图 6-110

6.5.2 使用 Color Jitter 制作随机颜色材质

01 选择场景中的所有海洋球模型,在"修改"面板中为其添加"网格平滑"修改器,并设置"迭代次数"为 2,如图 6-111 所示。

图 6-111

02 按 M 键打开"材质编辑器"面板,可以看到这些海洋球模型已经设置好了一个默认的物理材质,如图 6-112 所示。

图 6-112

03 在"基本参数"卷展栏中设置"粗糙度"为 0.6,"次表面散射"为 0.2,如图 6-113 所示。

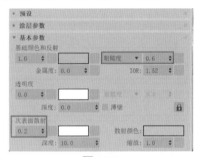

图 6-113

04 设置完成后,渲染场景,渲染效果如图 6-114 所示。

图 6-114

05 在"基本参数"卷展栏中单击"基础颜色和反射"下方的方形按钮,如图 6-115 所示。

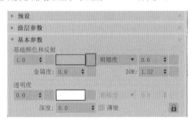

图 6-115

06 在"材质/贴图浏览器"对话框中,选择 Color Jitter(颜色抖动)选项,并单击"确定"按钮,如图 6-116 所示。

图 6-116

07 在 Input(输入)卷展栏中,设置输入的颜色为蓝色,如图 6-117 所示。其中,输入的颜色设置如图 6-118 所示。

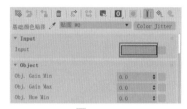

图 6-117

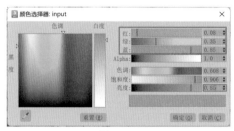

图 6-118

08 设置完成后,渲染场景,渲染效果如图 6-119 所示。

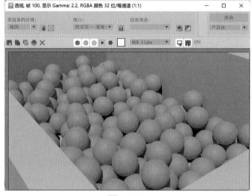

图 6-119

09 在 Object(对象)卷展栏中,设置 Obj.Hue Max(对象色调最大值)为 0.2,如图 6-120 所示。

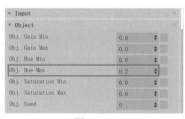

图 6-120

10 设置完成后,渲染场景,渲染效果如图 6-121 所示。

11 在 Object(对象)卷展栏中,设置 Obj.Hue Max(对象色调最大值)为 1,如图 6-122 所示。

12 设置完成后,渲染场景,渲染效果如图 6-123 所示。

图 6-121

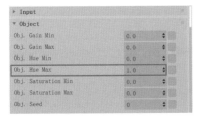

图 6-122

图 6-123

技巧与提示❖

还可以通过调整Obj.Gain Max（对象提高最大值），如图6-124所示，制作出随机的颜色深浅不一的海洋球渲染效果，如图6-125所示。

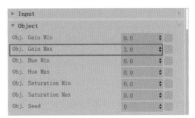

图 6-124

图 6-125

第 7 章——
粒子动画

3ds Max 2023 的粒子主要分为"事件驱动型"和"非事件驱动型"两大类。其中,"非事件驱动型"粒子的功能相对来说较为简单,并且容易控制,但是所能模拟的效果有限;而"事件驱动型"粒子又被称为"粒子流",可以使用大量内置的操作符来进行高级动画制作,所能模拟出来的效果也更加丰富和真实。使用粒子系统,特效动画师可以制作出非常逼真的特效动画(如水、火、雨、雪、烟花等)以及众多相似对象共同运动而产生的群组动画。

7.1
实例:下雪动画

本实例详细讲解使用粒子系统来制作下雪的特效动画,最终渲染动画效果如图 7-1 所示。

图 7-1

图 7-1(续)

01 启动中文版 3ds Max 2023 软件,打开配套资源文件"楼房 .max",里面有一栋楼房模型,如图 7-2 所示。

图 7-2

02 在"创建"面板中单击"雪"按钮,如图 7-3 所示。

图 7-3

03 在"顶"视图中，楼房模型的前方创建一个雪粒子，如图 7-4 所示。

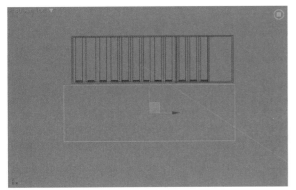

图 7-4

04 在"前"视图中，调整雪粒子发射器图标的高度至楼房模型的上方，如图 7-5 所示。

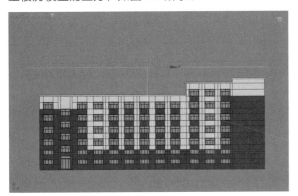

图 7-5

05 播放场景动画，可以看到默认状态下雪粒子所产生的动画效果，如图 7-6 所示。

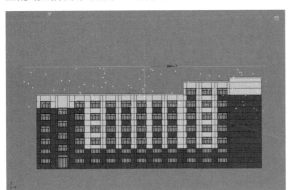

图 7-6

06 在"修改"面板中的"粒子"组中，设置"视口计数"为 500，"渲染计数"为 500，"寿命"为 100，如图 7-7 所示。

07 在"创建"面板中单击"风"按钮，如图 7-8 所示。在场景中任意位置处创建一个风对象，并旋转风对象的角度至图 7-9 所示。

图 7-7

图 7-8

图 7-9

08 选择雪粒子，在"主工具栏"上单击"绑定到空间扭曲"按钮，如图 7-10 所示。

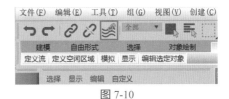

图 7-10

09 将雪粒子绑定至场景中的风对象上，如图 7-11 所示。

图 7-11

10 设置完成后，选择雪粒子，在"修改"面板中可以看到系统会自动为其添加"风绑定（WSM）"修改器，如图 7-12 所示。

图 7-12

11 拖动"时间滑块"按钮，可以看到雪粒子受到风对象的影响，会沿风的箭头方向进行移动，如图 7-13 所示。

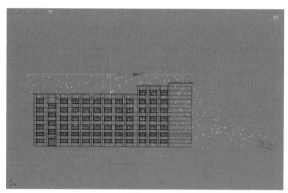

图 7-13

12 按下 M 键打开"材质编辑器"面板，选择一个材质球，更改名称为"雪"，并指定给雪粒子，如图 7-14 所示。

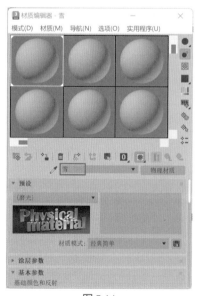

图 7-14

13 在"基本参数"卷展栏中，设置"基础颜色"为

白色，"粗糙度"为 1，"发射"的颜色为白色，"亮度"为 9000，如图 7-15 所示。

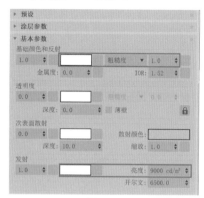

图 7-15

14 设置完成后，渲染场景，渲染效果如图 7-16 所示。

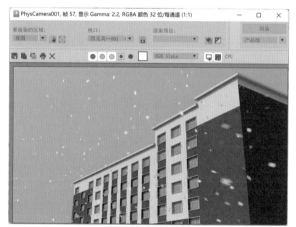

图 7-16

7.2
实例：树叶掉落动画

本实例详细讲解使用粒子系统来制作树叶掉落的特效动画，最终渲染动画效果如图 7-17 所示。

图 7-17

图 7-17（续）

7.2.1 使用粒子系统制作树叶

01 启动中文版 3ds Max 2023 软件，打开配套资源文件"树 .max"，里面有一棵树的枝干模型和一片树叶模型，如图 7-18 所示。

图 7-18

02 执行"图形编辑器"|"粒子视图"命令，如图 7-19 所示。或者按 6 键打开"粒子视图"面板，如图 7-20 所示。

图 7-19

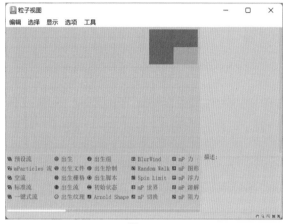

图 7-20

03 在"仓库"中选择"空流"操作符，并以拖曳的方式将其添加至"工作区"中，如图 7-21 所示。操作完成后，在场景中会自动生成粒子流的图标，如图 7-22 所示。

图 7-21

图 7-22

04 在"粒子视图"面板的"仓库"中，选择"出生"操作符，以拖曳的方式将其放置于"工作区"中作为"事件001",并将其连接至"粒子流源001",这时请注意,在默认情况下,"事件001"内还会自动出现一个"显示001"操作符,用来显示该事件的粒子形态,如图7-23所示。

05 在"出生001"卷展栏中,设置"发射停止"为0,"数量"为5000,如图7-24所示。

图7-23　　　　　　　图7-24

06 在"粒子视图"面板的"仓库"中,选择"位置对象"操作符,以拖曳的方式将其放置于"工作区"中的"事件001"中,如图7-25所示。

07 在"位置对象001"卷展栏中,单击"添加"按钮,将场景中的树枝模型添加进来,并设置"位置"为"选定面",如图7-26所示。

图7-25　　　　　　　图7-26

08 在树枝模型上选择如图7-27所示的面,即可看到只有选中的面上才会出现粒子。

图7-27

09 在"粒子视图"面板的"仓库"中,选择"图

形实例"操作符,以拖曳的方式将其放置于"事件001"中,如图7-28所示。

图7-28

10 在"图形实例001"卷展栏中,设置"粒子几何体对象"为场景中的树叶模型,设置"变化%"为10,如图7-29所示。

11 在"显示001"卷展栏中,设置"类型"为"几何体",如图7-30所示。

图7-29　　　　　　　图7-30

12 设置完成后,场景中粒子系统所生成的树叶视图显示效果如图7-31所示。

图7-31

13 在"粒子视图"面板的"仓库"中,选择"旋转"操作符,以拖曳的方式将其放置于"事件001"中,如图7-32所示。

14 设置完成后,场景中粒子系统所生成的树叶视图显示效果如图7-33所示。

图 7-32

图 7-33

15 在"旋转001"卷展栏中,设置"方向矩阵"为"随机水平","散度"为80,如图7-34所示。

图 7-34

16 设置完成后,场景中粒子系统所生成的树叶视图显示效果如图7-35所示。

图 7-35

17 渲染场景,渲染效果如图7-36所示。

图 7-36

7.2.2 使用风制作树叶掉落动画

01 在"粒子视图"面板的"仓库"中,选择"拆分数量"操作符,以拖曳的方式将其放置于"事件001"中,如图7-37所示。

02 在"拆分数量001"卷展栏中,设置"比率%"为1,如图7-38所示。

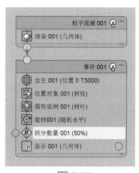

图 7-37

图 7-38

03 在"仓库"中选择"力"操作符,以拖曳的方式将其放置于"工作区"中作为"事件002",并将其连接至"事件001"的"拆分数量"操作符上,如图7-39所示。

04 在"创建"面板中单击"风"按钮,在场景中创建一个风对象,如图7-40所示。

图 7-39

图 7-40

05 调整风对象的旋转角度至图7-41所示。

图 7-41

06 在"参数"卷展栏中，设置"强度"为 0.1，"湍流"为 0.1，"频率"为 0.5，"比例"为 0.1，如图 7-42 所示。

07 在"力 001"卷展栏中，单击"添加"按钮，将场景中的风对象添加至"力空间扭曲"下方的文本框中，如图 7-43 所示。

图 7-42　　　　图 7-43

08 在"显示 002"卷展栏中，设置"类型"为"几何体"，如图 7-44 所示。

09 设置完成后，播放场景动画，可以看到一些方块图形被风吹下的动画效果，如图 7-45 所示。

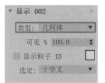

图 7-44

图 7-45

10 将"图形实例"操作符的位置从"事件 001"移动至"粒子流源 001"中，如图 7-46 所示。

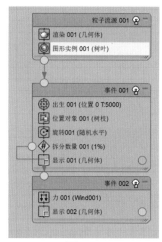

图 7-46

11 观察场景动画，可以看到现在被风吹下的粒子也会显示为树叶的形状，如图 7-47 所示。

图 7-47

12 在"粒子视图"面板的"仓库"中，选择"自旋"操作符，以拖曳的方式将其放置于"事件 002"中，如图 7-48 所示。

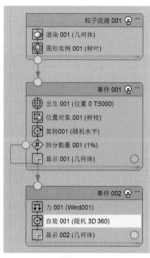

图 7-48

13 播放场景动画，可以看到被风吹落的叶片还会产生自旋效果，本实例最终制作完成的动画效果如图7-49所示。

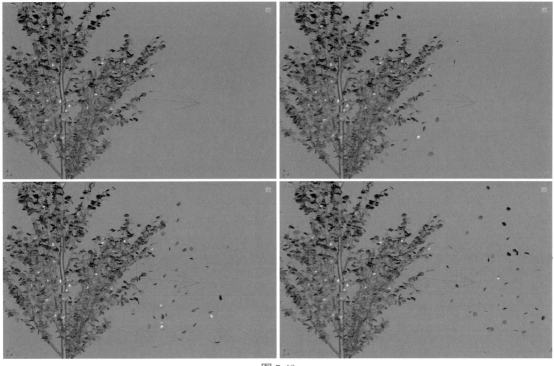

图 7-49

7.3
实例：文字消失动画

本实例详细讲解使用粒子系统来制作文字消失的特效动画，最终渲染动画效果如图7-50所示。

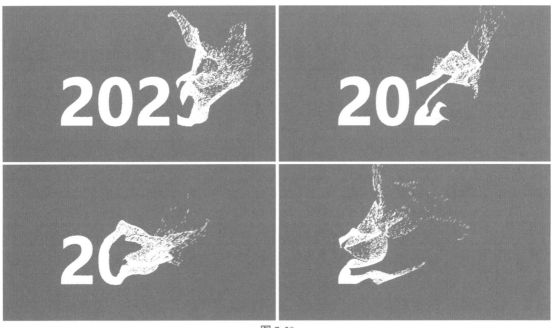

图 7-50

01 启动中文版 3ds Max 2023 软件，打开配套资源文件"文字 .max"，里面有一个文字模型，如图 7-51 所示。

图 7-51

02 执行"图形编辑器"|"粒子视图"命令，打开"粒子视图"面板，如图 7-52 所示。

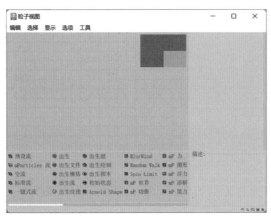

图 7-52

03 在"仓库"中选择"空流"操作符，并以拖曳的方式将其添加至"工作区"中，如图 7-53 所示。操作完成后，在"透视"视图中可以看到场景中会自动生成粒子流的图标，如图 7-54 所示。

04 在"粒子视图"面板的"仓库"中，选择"出生"操作符，以拖曳的方式将其放置于"工作区"中作为"事件 001"，并将其连接至"粒子流源 001"上，如图 7-55 所示。

05 在"出生 001"卷展栏中，设置"发射开始"为 0，"发射停止"为 0，"数量"为 2000，使得场景中的粒子数量为 2000 个粒子，如图 7-56 所示。

图 7-53

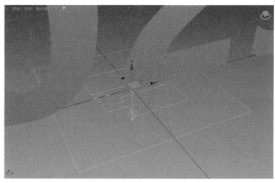

图 7-54

图 7-55

图 7-56

06 在"仓库"中选择"位置对象"操作符，并以拖曳的方式将其添加至"事件 001"中，如图 7-57 所示。

07 在"位置对象 001"卷展栏中，单击"添加"按钮，将场景中的数字模型添加进来，如图 7-58 所示。

图 7-57

图 7-58

08 设置完成后，在场景中可以看到数字模型上出现了大量的粒子，如图 7-59 所示。

图 7-59

09 在"仓库"中选择"图形"操作符，并以拖曳的方式将其添加至"事件 001"中，如图 7-60 所示。

图 7-60

技巧与提升 ❖

"图形"操作符添加至"事件001"中后，其名称会显示为"形状001"。

10 在"显示 001"卷展栏中，设置"类型"为"几何体"，如图 7-61 所示。

图 7-61

11 设置完成后，粒子的视图显示效果如图 7-62 所示。

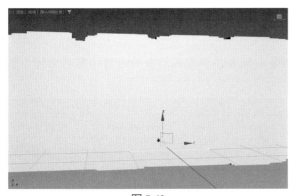

图 7-62

12 在"形状 001"卷展栏中，设置"大小"为 0.2，如图 7-63 所示。

图 7-63

13 设置完成后，粒子的视图显示效果如图 7-64 所示。

图 7-64

14 在"创建"面板中单击"导向板"按钮，如图 7-65 所示。在场景中创建　个导向板。

图 7-65

15 在 0 帧位置处，调整导向板的位置和方向至图 7-66 所示。

图 7-66

16 在"修改"面板中，设置导向板的"反弹"值为 0，如图 7-67 所示。

图 7-67

17 单击软件界面下方右侧的"自动"按钮，使其处于背景色为红色的按下状态，如图 7-68 所示。

图 7-68

18 在 100 帧位置处，调整导向板的位置至图 7-69 所示。设置完成后，再次单击"自动"按钮，关闭自

动关键点模式。

19 在"粒子视图"面板的"仓库"中，选择"碰撞"操作符，以拖曳的方式将其放置于"事件 001"中，如图 7-70 所示。

20 在"碰撞 001"卷展栏中，单击"添加"按钮，如图 7-71 所示。将场景中的导向板添加至"导向器"下方的文本框中。

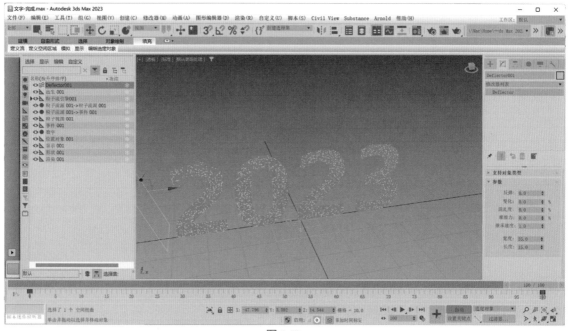

图 7-69

图 7-70   图 7-71

21 在"创建"面板中单击"风"按钮，如图 7-72 所示。

图 7-72

22 在场景中调整风对象的位置和方向至图 7-73 所示。

图 7-73

23 在"修改"面板中，设置风的"强度"值为 0.2，"湍流"的值为 0.6，"频率"的值为 0.2，"比例"的值为 0.2，如图 7-74 所示。

24 在"粒子视图"面板的"仓库"中，选择"力"操作符，以拖曳的方式将其放置于"工作区"中作为新的"事件 002"，并将其与"事件 001"中的"碰撞"操作符进行连接，如图 7-75 所示。

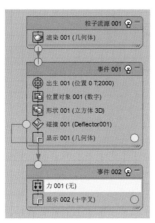

图 7-74　　　　　　　图 7-75

静态"操作符，以拖曳的方式将其放置于"粒子流源001"中，为粒子添加材质，如图 7-82 所示。

图 7-78　　　　　　　图 7-79

25 在"力 001"卷展栏中，单击"添加"按钮，如图 7-76 所示。将场景中的风对象添加至"力空间扭曲"下方的文本框中。

26 在"粒子视图"面板的"仓库"中，选择"年龄测试"操作符，以拖曳的方式将其放置于"事件002"中，如图 7-77 所示。

图 7-76　　　　　　　图 7-77

27 在"年龄测试 001"卷展栏中，设置年龄测试的方式为"事件年龄"，设置"测试值"为 12，"变化"为 5，如图 7-78 所示。

28 在"粒子视图"面板的"仓库"中，选择"删除"操作符，以拖曳的方式将其放置于"工作区"中作为新的"事件 003"，并将其和"事件 002"中的"年龄测试 001"操作符进行连接，如图 7-79 所示。

29 设置完成后，播放场景动画，粒子动画的视图显示效果如图 7-80 所示。

30 在"显示 002"卷展栏中，设置"类型"为"几何体"，如图 7-81 所示。

31 在"粒子视图"面板的"仓库"中，选择"材质

图 7-80

图 7-81　　　　　　　图 7-82

32 按 M 键打开"材质编辑器"面板，选择一个空白物理材质球，将其拖曳至"静态材质 001"卷展栏中

"指定材质"下方的按钮上，设置完成后，该按钮会显示出材质的名称，如图 7-83 所示。

图 7-83

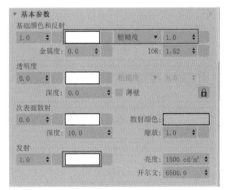

图 7-84

33 在"基本参数"卷展栏中，设置"基础颜色"为白色，"粗糙度"为 1，"发射"的颜色为白色，如图 7-84 所示。

34 在"出生 001"卷展览中，设置"数量"为 80000，如图 7-85 所示。

图 7-85

35 隐藏场景中的数字模型后，播放场景动画，本实例制作完成的粒子动画如图 7-86 所示。

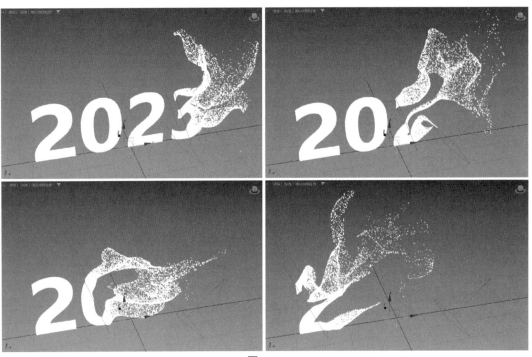

图 7-86

7.4
实例：草地摆动动画

本实例详细讲解使用粒子系统制作一片草地随风摆动的特效动画，最终渲染动画效果如图 7-87 所示。

图 7-87

7.4.1　使用"噪波浮点"制作叶片摆动动画

01 启动中文版 3ds Max 2023 软件，打开配套资源文件"小草 .max"，里面有 3 片小草叶片模型，如图 7-88 所示。

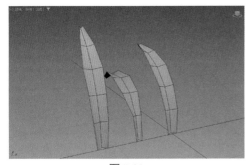

图 7-88

02 选择任意一片叶子模型，在"修改"面板中为其添加"弯曲"修改器，如图 7-89 所示。

图 7-89

03 单击软件界面下方右侧的"自动"按钮，使其处于背景色为红色的按下状态，如图 7-90 所示。

图 7-90

04 在 10 帧位置处，设置"角度"为 30，如图 7-91 所示，制作出叶片的弯曲效果。设置完成后，再次单击"自动"按钮，关闭自动关键点模式。

05 在"主工具栏"上单击"曲线编辑器"按钮，如图 7-92 所示。

图 7-91　　　　　　　　图 7-92

06 在打开的"轨迹视图 - 曲线编辑器"面板中，将光标放置在"角度"属性上，右击并在弹出的快捷菜单中执行"指定控制器"命令，如图 7-93 所示。

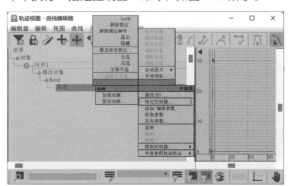

图 7-93

07 在弹出的"指定浮点控制器"对话框中选择

"噪波浮点"选项，单击"确定"按钮，如图 7-94
所示。

图 7-94

08 在弹出的"噪波控制器"对话框中，设置"强度"为 20，勾选">0"复选框，"频率"为 0.2，如图 7-95 所示。

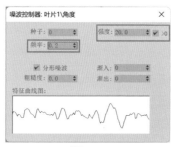

图 7-95

09 设置完成后，播放场景动画，即可看到小草叶片随风摆动的动画就制作完成了。在"修改"面板中，将光标放置在设置了动画的"弯曲"修改器上，右击并在弹出的快捷菜单中执行"复制"命令，如图 7-96 所示。

图 7-96

10 分别选择场景中的其他 2 个小草叶片模型，在"修改"面板中，右击并在弹出的快捷菜单中执行"粘贴"命令，如图 7-97 和图 7-98 所示。

11 设置完成后，播放场景动画，即可看到 3 片小草叶片模型均会产生摆动的动画效果。

图 7-97

图 7-98

7.4.2 使用粒子系统制作草地

01 执行"图形编辑器"|"粒子视图"命令，打开"粒子视图"面板，如图 7-99 所示。

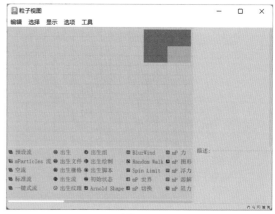

图 7-99

02 在"仓库"中选择"空流"操作符，并以拖曳的方式将其添加至"工作区"中，如图 7-100 所示。操作完成后，在"透视"视图中可以看到场景中会自动生成粒子流的图标，如图 7-101 所示。

图 7-100

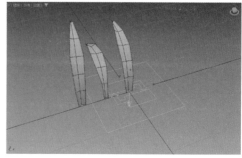

图 7-101

03 在"粒子视图"面板的"仓库"中，选择"出生"操作符,以拖曳的方式将其放置于"工作区"中作为"事件001",并将其连接至"粒子流源001"上,如图7-102所示。

图7-102

04 在"创建"面板中,单击"平面"按钮,如图7-103所示。在场景中创建一个平面模型。

05 在"修改"面板中,设置"长度"为50,"宽度"为100,如图7-104所示。设置完成后,平面模型的视图显示效果如图7-105所示。

图7-103   图7-104

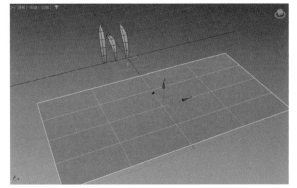

图7-105

06 在"仓库"中选择"位置对象"操作符,并以拖曳的方式将其添加至"事件001"中,如图7-106所示。

图7-106

07 在"位置对象001"卷展栏中,单击"添加"按钮,将场景中的平面模型添加进来,设置完成后,在上方的"发射器对象"文本框内会显示出平面模型的名称"Plane001",如图7-107所示。

08 在"出生001"卷展栏中,设置"发射停止"为0,"数量"为300,如图7-108所示。

图7-107   图7-108

09 设置完成后,可以看到平面模型上所产生的粒子效果,如图7-109所示。

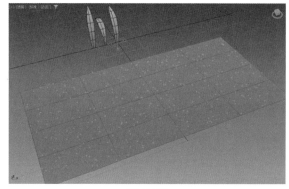

图7-109

10 在"仓库"中选择"拆分数量"操作符,并以拖曳的方式将其添加至"事件001"中,如图7-110所示。

图7-110

11 在"仓库"中选择"图形实例"操作符,以拖曳的方式将其放置于"工作区"中作为新的"事件002",并将其与"事件001"中的"拆分数量"操作符进行连接,如图7-111所示。

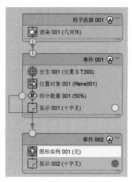

图 7-111

12 在"图形实例 001"卷展栏中，设置"粒子几何体对象"为"叶片 1"模型，"变化 %"为 20，勾选"动画图形"复选框，设置"同步方式"为"绝对时间"，勾选"随机偏移"复选框，并设置"随机偏移"为 30，如图 7-112 所示。

13 在"显示 002"卷展栏中，设置"类型"为"几何体"，如图 7-113 所示。

图 7-112

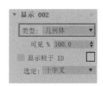

图 7-113

14 设置完成后，可以看到粒子的视图显示效果如图 7-114 所示。

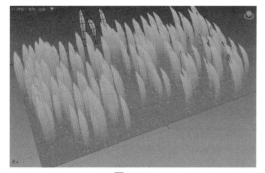

图 7-114

15 在"仓库"中选择"旋转"操作符，并以拖曳的方式将其添加至"事件 001"中，如图 7-115 所示。

16 在"旋转 001"卷展栏中，设置"方向矩阵"为"随机水平"，"散度"为 10，如图 7-116 所示。

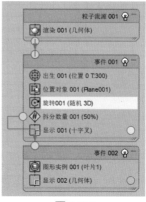

图 7-115　　　　　　图 7-116

17 设置完成后，可以看到粒子的视图显示效果如图 7-117 所示。

图 7-117

18 在"仓库"中选择"拆分数量"操作符，并以拖曳的方式将其添加至"事件 001"中，如图 7-118 所示。

19 在"拆分数量 002"卷展栏中，设置"比率 %"为 30，如图 7-119 所示。

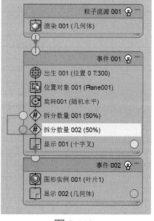

图 7-118　　　　　　图 7-119

20 按住 Shift 键，以拖曳的方式将"事件 002"进行复制，得到"事件 003"，并将其与"事件 001"中的"拆分数量 002"操作符进行连接，如图 7-120 所示。

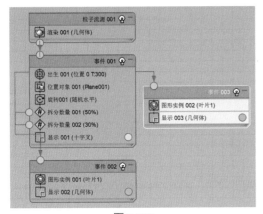

图 7-120

21 在"图形实例 002"卷展栏中，设置"粒子几何体对象"为"叶片 2"模型，如图 7-121 所示。

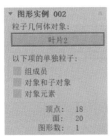

图 7-121

22 设置完成后，可以看到粒子的视图显示效果如图 7-122 所示。

图 7-122

23 在"仓库"中选择"发送出去"操作符，并以拖曳的方式将其添加至"事件 001"中，如图 7-123 所示。

24 按住 Shift 键，以拖曳的方式将"事件 002"进行复制，得到"事件 004"，并将其与"事件 001"中的"发送出去 001"操作符进行连接，如图 7-124 所示。

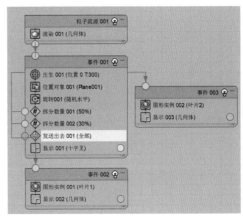

图 7-123

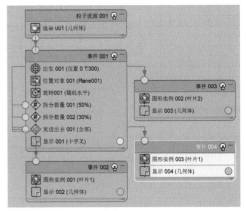

图 7-124

25 在"图形实例 003"卷展栏中，设置"粒子几何体对象"为"叶片 3"模型，如图 7-125 所示。

图 7-125

26 设置完成后，播放场景动画，本实例制作完成的草地摆动动画如图 7-126 所示。

图 7-126

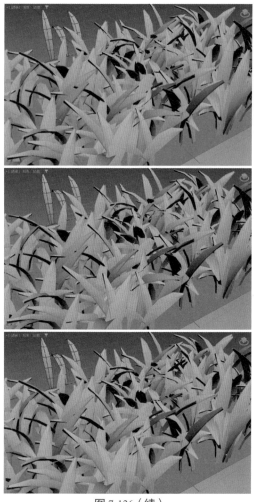

图 7-126（续）

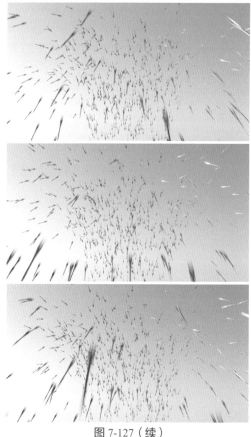

图 7-127（续）

7.5
实例：万箭齐发动画

本实例详细讲解使用粒子系统来制作万箭齐发的特效动画，最终渲染动画效果如图 7-127 所示。

01 启动中文版 3ds Max 2023 软件，打开配套资源文件"箭 .max"，里面有 1 支箭的模型，如图 7-128 所示。

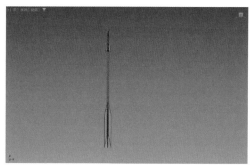

图 7-128

02 执行"图形编辑器"|"粒子视图"命令，打开"粒子视图"面板，如图 7-129 所示。

图 7-127

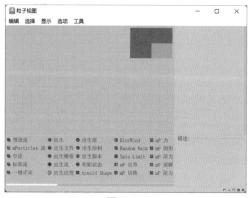

图 7-129

03 在"仓库"中选择"空流"操作符,并以拖曳的方式将其添加至"工作区"中,如图 7-130 所示。操作完成后,在"透视"视图中可以看到场景中会自动生成粒子流的图标,如图 7-131 所示。

图 7-130

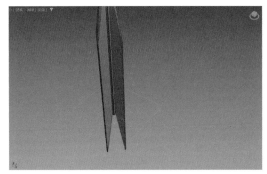

图 7-131

04 在"发射"卷展栏中,设置"徽标大小"为 200,"长度"为 1200,"宽度"为 200,如图 7-132 所示。

图 7-132

05 设置完成后,在"前"视图中调整粒子发射器的方向至图 7-133 所示。

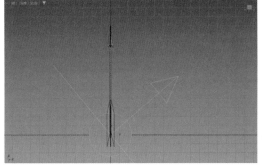

图 7-133

06 在"粒子视图"面板的"仓库"中,选择"出

生"操作符,以拖曳的方式将其放置于"工作区"中作为"事件 001",并将其连接至"粒子流源 001"上,如图 7-134 所示。

07 在"出生 001"卷展栏中,设置"发射停止"为100,"数量"为1000,使得粒子在场景中从 0 帧到 100 帧之间共发射 1000 个粒子,如图 7-135 所示。

图 7-134   图 7-135

08 在"仓库"中选择"位置对象"操作符,并以拖曳的方式将其添加至"事件 001"中,如图 7-136 所示。

图 7-136

09 在"仓库"中选择"图形实例"操作符,并以拖曳的方式将其添加至"事件 001"中,如图 7-137 所示。

图 7-137

10 在"图形实例 001"卷展栏中,设置"粒子几何体对象"为场景中的箭模型,如图 7-138 所示。

11 在"显示 001"卷展栏中设置"类型"为"几何体",如图 7-139 所示。

12 这样,拖动"时间滑块"按钮,可以看到随着时间的变化,粒子发射器上会逐渐产生许多箭模型,如图 7-140 所示。

图 7-138

图 7-139

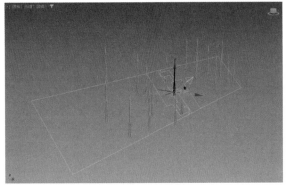

图 7-140

13 在"仓库"中选择"速度"操作符，并以拖曳的方式将其添加至"事件 001"中，如图 7-141 所示。

图 7-141

14 在"仓库"中选择"旋转"操作符，并以拖曳的方式将其添加至"事件 001"中，如图 7-142 所示。

图 7-142

15 在"旋转 001"卷展栏中，设置"方向矩阵"为"速度空间跟随"，设置"Y"的值为 90，如图 7-143 所示。

图 7-143

16 设置完成后，播放场景动画，可以看到现在箭的方向与其运动的方向是一致的，如图 7-144 所示。

图 7-144

17 在"创建"面板中单击"重力"按钮，如图 7-145 所示。

图 7-145

18 在场景中任意位置处创建一个重力对象，如图 7-146 所示。

图 7-146

19 在"仓库"中选择"力"操作符，并以拖曳的方式将其添加至"事件001"中，如图7-147所示。

图 7-147

20 在"力001"卷展栏中，单击"添加"按钮，如图7-148所示。将场景中的重力对象添加至"力空间扭曲"下方的文本框中。

21 在"速度001"卷展栏中，设置"速度"为2300，"变化"为200，"散度"为10，如图7-149所示。

图 7-148

图 7-149

22 在"仓库"中选择"删除"操作符，并以拖曳的方式将其添加至"事件001"中，如图7-150所示。

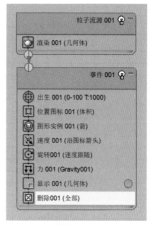

图 7-150

23 在"删除001"卷展栏中，设置"移除"的选项为"按粒子年龄"，设置"寿命"为70，如图7-151所示。

图 7-151

24 设置完成后，播放场景动画，本实例的最终完成效果如图7-152所示。

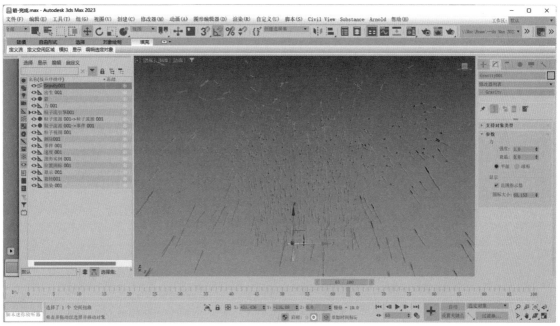

图 7-152

第 8 章——
液体动画

3ds Max 2023 为用户提供了功能强大的液体模拟系统——流体，使用该动力学系统，特效师们可以制作出效果逼真的水、油等液体流动动画。

8.1
实例：倒入饮料动画

本实例详细讲解使用"流体"系统来制作倒入饮料的动画效果，最终渲染动画效果如图 8-1 所示。

图 8-1

图 8-1（续）

01 启动中文版 3ds Max 2023 软件，打开配套资源文件"水杯 .max"，里面有一个水杯模型，如图 8-2 所示。

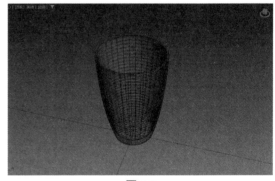

图 8-2

02 在"创建"面板中，将下拉列表切换至"流体"，单击"液体"按钮，如图 8-3 所示。

图 8-3

03 在"前"视图中绘制一个液体对象,如图 8-4 所示。

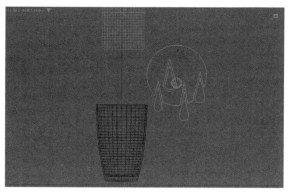

图 8-4

04 调整液体对象的坐标位置至图 8-5 所示。

图 8-5

05 在"修改"面板中,展开"发射器"卷展栏,设置"发射器图标"的"图标类型"为"球体",设置"半径"为 1,如图 8-6 所示。

图 8-6

06 单击"设置"卷展栏中的"模拟视图"按钮,如图 8-7 所示,打开"模拟视图"面板。

图 8-7

07 在"模拟视图"面板中,展开"碰撞对象 / 禁用平面"卷展栏,单击"拾取"按钮,将场景中的水杯模型设置为液体的碰撞对象,如图 8-8 所示。

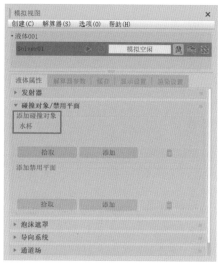

图 8-8

08 在"解算器参数"选项卡中,在左侧的列表中单击"模拟参数"按钮,在右侧的参数面板中,设置"解算器属性"的"基础体素大小"为 0.3,如图 8-9 所示。

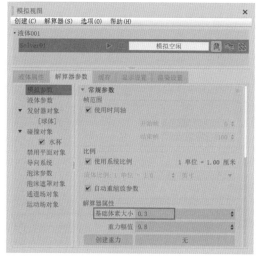

图 8-9

技巧与提示 ❖

"基础体素大小"值越小,计算出来的液体细节越丰富,消耗的时间也越长。

09 单击"开始解算"按钮,开始进行液体模拟计算,如图 8-10 所示。

图 8-10

10 液体动画的模拟效果如图 8-11 所示。可以看到从液体发射器开始发射出液体，并且液体受重力影响产生的下落效果。

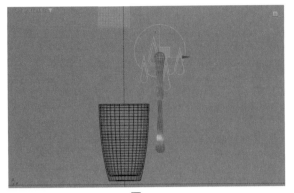

图 8-11

技巧与提示 ❖

无特殊需要的话，不需要单击"创建重力"按钮来创建重力。使用默认的"重力幅值"进行计算即可，如图8-12所示。

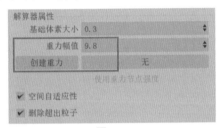

图 8-12

11 在"发射器转化参数"卷展栏中，勾选"启用其他速度"复选框，设置"倍增"为 0.5，单击"创建辅助对象"按钮，如图 8-13 所示。

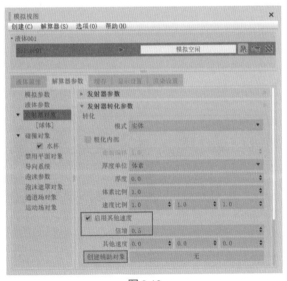

图 8-13

12 创建辅助对象后，"创建辅助对象"按钮后面

按钮上会显示出辅助对象的名称，如图 8-14 所示。同时，场景中的辅助对象视图显示效果如图 8-15 所示。

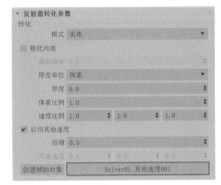

图 8-14

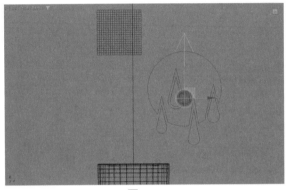

图 8-15

13 在场景中旋转复制对象的角度至图 8-16 所示。

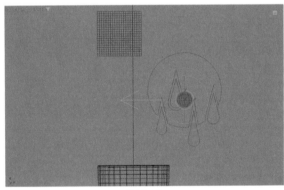

图 8-16

14 再次单击"播放"按钮，开始进行液体模拟计算，这时，系统会弹出"运行选项"对话框，单击"重新开始"按钮，如图 8-17 所示。

图 8-17

15 这一次的液体模拟计算效果如图 8-18 所示。可以看到有一些液体穿透了水杯模型掉落出来。

16 在"模拟参数"卷展栏中，设置"自适应性"为0.8，如图 8-19 所示。

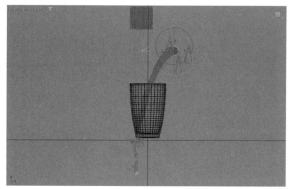

图 8-18

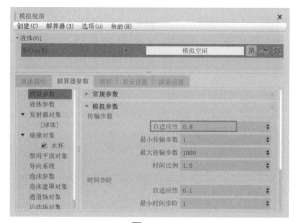

图 8-19

技巧与提示 ❖

"自适应性"值稍微调高一些，可以有效避免出现液体穿透碰撞模型的情况。

17 再次进行液体模拟计算，这一次的液体模拟计算效果如图 8-20 所示。可以看到没有出现液体穿透了水杯模型的情况。

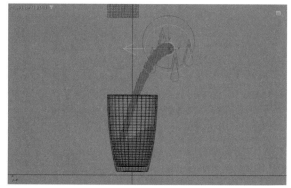

图 8-20

18 在"显示设置"选项卡中，将"液体设置"卷展栏内的"显示类型"更改为"Bifrost 动态网格"选

项，如图 8-21 所示。这样，液体将以实体模型的方式显示，图 8-22 和图 8-23 所示为更改"显示类型"选项前后的液体显示对比。

19 本实例的最终动画完成效果如图 8-24 所示。

图 8-21

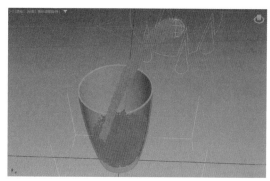

图 8-22

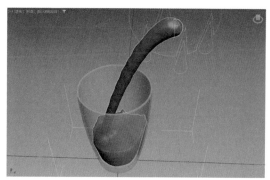

图 8-23

图 8-24

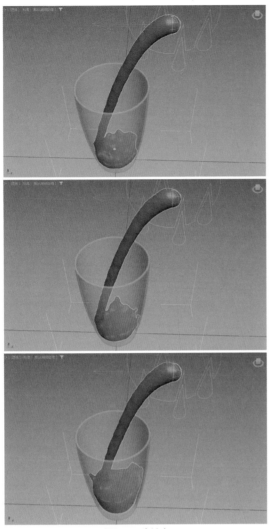

图 8-24（续）

8.2
实例：牛奶飞溅动画

本实例详细讲解使用"流体"系统来制作牛奶飞溅的动画效果，最终渲染动画效果如图 8-25 所示。

图 8-25

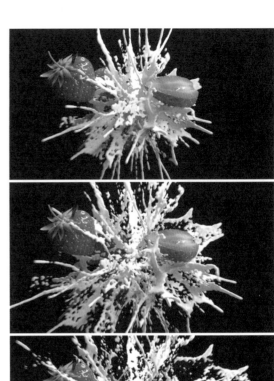

图 8-25（续）

8.2.1　创建液体发射装置

01 启动中文版 3ds Max 2023 软件，打开配套资源文件"草莓 .max"，里面有几个草莓模型，如图 8-26 所示。

图 8-26

02 在制作液体特效之前，先将场景中的单位设置好。执行"自定义"|"单位设置"命令，如图 8-27 所示。

03 打开"单位设置"对话框，设置"显示单位比

例"的选项为"公制",单位为"厘米",如图 8-28
所示。

图 8-27

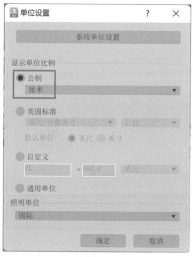

图 8-28

04 单击"系统单位设置"按钮,在弹出的"系统单位设置"对话框中,设置 1 单位 =1 毫米,如图 8-29
所示。

图 8-29

05 在"创建"面板中单击"液体"按钮,如图 8-30
所示。

06 在"前"视图中创建一个液体图标,如图 8-31
所示。

图 8-30

图 8-31

07 在"修改"面板中,单击"设置"卷展栏内的
"模拟视图"按钮,如图 8-32 所示,打开"模拟视
图"面板。

图 8-32

08 在"模拟视图"面板中,展开"发射器"卷展
栏,设置"图标类型"的选项为"球体",将"半
径"的值设置为"0.6cm",如图 8-33 所示。

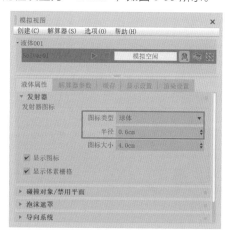

图 8-33

09 展开"碰撞对象/禁用平面"卷展栏，单击"拾取"按钮，将场景中的所有草莓模型均设置为液体的碰撞对象，如图8-34所示。

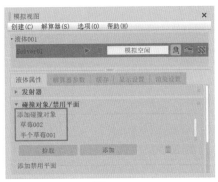

图 8-34

10 在"解算器参数"选项卡中，展开"常规参数"卷展栏，取消勾选"使用时间轴"复选框，设置"开始帧"为0，设置"结束帧"为12，即本实例只需要计算12帧的液体动画即可。设置"重力幅值"为0，如图8-35所示。

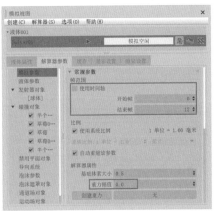

图 8-35

11 在"液体参数"卷展栏中，将液体的"预设"选项设置为"牛奶"，如图8-36所示。

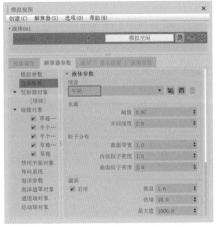

图 8-36

12 展开"发射器参数"卷展栏，设置液体的"发射类型"选项为"容器"，这样将会在液体图标的球形区域内部填充液体，如图8-37所示。

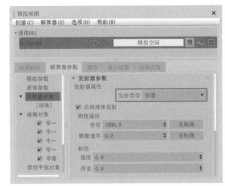

图 8-37

13 在"顶"视图中调整液体图标的位置至图8-38所示，使得液体图标位于场景中草莓模型的中心位置处。

图 8-38

14 在"前"视图中调整液体图标的位置至图8-39所示。

图 8-39

8.2.2　使用运动场制作液体飞溅效果

01 在"创建"面板中单击"运动场"按钮，如图8-40所示，在场景中创建一个运动场，如图8-41所示。

图 8-40

图 8-41

02 在"修改"面板中，展开"显示"卷展栏，勾选"速度栅格"复选框，如图 8-42 所示。

图 8-42

03 可以看到运动场所产生的力学影响方向，在默认状态下，运动场所产生力的方向与运动场的箭头方向一致，如图 8-43 所示。

图 8-43

04 在本实例中，我们需要模拟出一个类似爆炸效果的力学，所以，在"方向"卷展栏中取消勾选"方向"复选框，勾选"同心"复选框，这样运动场会显示为从一个点向四周爆发的力学状态，同时，设置"同心"的值为 0.2，降低运动场的力学强度，如图 8-44 所示。

图 8-44

05 设置完成后，运动场的视图显示效果如图 8-45 所示。

图 8-45

06 选择运动场，按组合键 Shift+A，再单击液体图标，将运动场快速对齐到场景中的液体图标位置处，如图 8-46 所示。

图 8-46

07 在"模拟视图"面板中，展开"运动场"卷展栏，单击"拾取"按钮，将创建好的运动场添加进来，如图 8-47 所示。

图 8-47

08 设置完成后，单击"开始解算"按钮，如图 8-48 所示。

09 经过一段时间的液体动画解算后，计算出来的液体爆炸效果如图 8-49 所示。

10 在"显示设置"选项卡中，将"液体设置"的"显示类型"更改为"Bifrost 动态网格"选项，如图 8-50 所示。

图 8-48

图 8-49

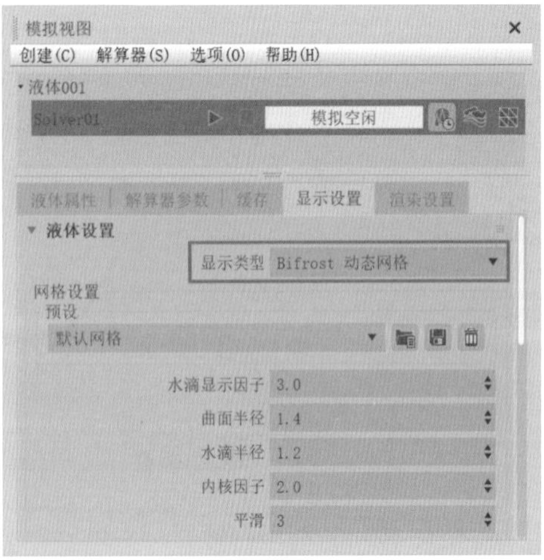

图 8-50

11 本实例计算出来的液体动画效果如图 8-51 所示。

图 8-51

图 8-51（续）

8.2.3 渲染设置

01 打开"材质编辑器"面板，选择一个空白的材质球，重命名为"牛奶"，并将其指定给液体对象，如图 8-52 所示。

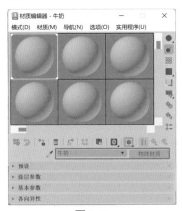

图 8-52

02 在"基本参数"卷展栏中，设置"基础颜色"为白色，"粗糙度"为 0.6，"次表面散射"为 0.2，如图 8-53 所示。

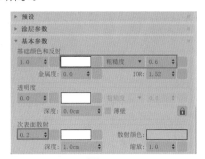

图 8-53

03 设置完成后，牛奶材质球的显示效果如图 8-54 所示。

图 8-54

04 在"模拟视图"面板中，打开"渲染设置"选项卡，将液体的"渲染为："选项设置为"Arnold 曲面"，如图 8-55 所示。

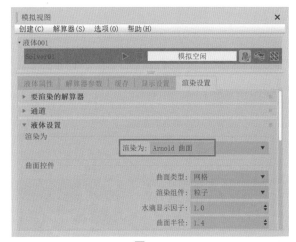

图 8-55

05 设置完成后，渲染"摄影机"视图，即可看到渲染效果可以呈现出非常明显的运动模糊效果，需要注意的是，该运动模糊效果的计算是强制执行的，也就是说即使没有在摄影机的属性里勾选"启用运动模糊"复选框，渲染图像时 Arnold 渲染器也会自动计算运动模糊效果，如图 8-56 所示。

图 8-56

06 选择场景中的摄影机,在"修改"面板中,勾选"启用运动模糊"复选框,并设置"持续时间"为0.05,如图 8-57 所示。

图 8-57

07 设置完成后,渲染场景,本实例的最终渲染效果如图 8-58 所示。

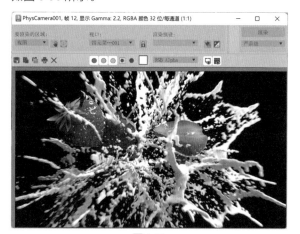

图 8-58

8.3
实例:喷泉入水动画

本实例详细讲解使用"流体"系统来制作喷泉入水的动画效果,最终渲染动画序列如图 8-59所示。

图 8-59

8.3.1 设置喷泉发射动画

01 启动中文版 3ds Max 2023 软件,打开配套资源文件"喷泉 .max",里面有一个喷泉场景模型,如图 8-60 所示。

图 8-60

02 在"创建"面板中单击"球体"按钮，如图 8-61 所示。

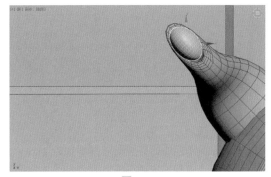

图 8-61

03 在"前"视图中茶壶模型壶嘴位置处创建一个小小的球体模型，如图 8-62 所示。

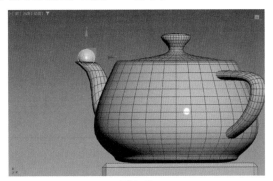

图 8-62

04 在"顶"视图中调整球体模型的位置至图 8-63 所示。

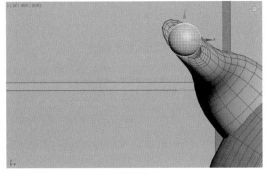

图 8-63

05 对球体模型进行缩放并调整角度至图 8-64 所示。

图 8-64

06 在"修改"面板中，更改球体模型的名称为"喷泉发射器"，如图 8-65 所示。

图 8-65

07 在"创建"面板中单击"液体"按钮，如图 8-66 所示。

图 8-66

08 在"前"视图中绘制一个液体对象，如图 8-67 所示。

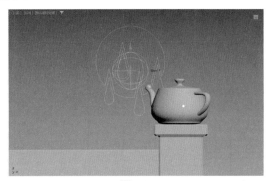

图 8-67

09 单击"设置"卷展栏中的"模拟视图"按钮，如图 8-68 所示，打开"模拟视图"面板。

图 8-68

10 在"模拟视图"面板中设置"图标类型"为"自定义",单击"拾取"按钮,将场景中名称为水和喷泉发射器的模型添加至"添加自定义发射器对象"下方的文本框内,如图 8-69 所示。

图 8-69

11 在"碰撞对象 / 禁用平面"卷展栏中,单击"拾取"按钮,将场景中名称为水池的模型添加至"添加碰撞对象"下方的文本框内,如图 8-70 所示。

图 8-70

12 在"解算器参数"选项卡中,单击左侧"发射器对象"下方的喷泉发射器,在右侧的"发射器参数"卷展栏中,勾选"覆盖全局控件"复选框,如图 8-71 所示。

13 在"解算器参数"选项卡中,单击左侧的喷泉发射器,在右侧的"发射器转化参数"卷展栏中,勾选"覆

盖全局控件"复选框,勾选"启用其他速度"复选框,设置"倍增"为 2.5,单击"创建辅助对象"按钮,创建完成后,"创建辅助对象"按钮后面的按钮上会显示出辅助对象的名称"Solver01. 其他速度 001",如图 8-72 所示。

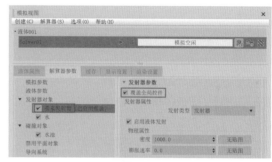

图 8-71

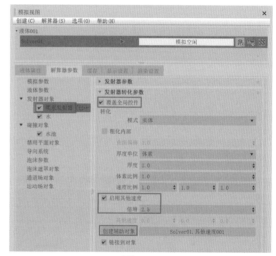

图 8-72

14 观察场景,还可以看到喷泉发射器模型位置处所生成的箭头形状的辅助对象,如图 8-73 所示。

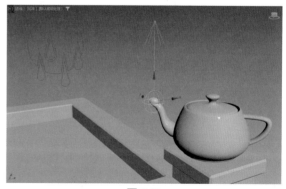

图 8-73

15 在场景中调整辅助对象的角度至图 8-74 所示,用其来控制喷泉的发射方向。

16 在"解算器参数"选项卡中,单击左侧"发射器对象"下方的水,在右侧的"发射器参数"卷展栏

中，勾选"覆盖全局控件"复选框，设置"发射类型"为"容器"，如图 8-75 所示。

的细节显示效果如图 8-81 所示。

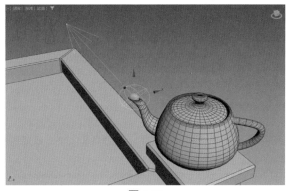

图 8-74

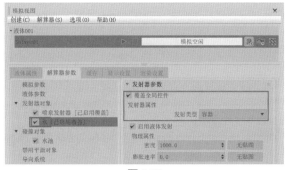

图 8-75

17 在"液体参数"卷展栏中，设置"预设"为水，如图 8-76 所示。

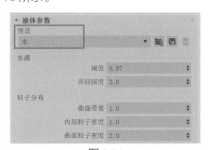

图 8-76

18 单击"开始解算"按钮，开始进行液体模拟计算，如图 8-77 所示。

图 8-77

19 经过一段时间的模拟计算，喷泉动画的模拟效果如图 8-78 所示。

20 在"显示设置"选项卡中，将"液体设置"卷展栏内的"显示类型"更改为"Bifrost 动态网格"选项，如图 8-79 所示。

21 喷泉的视图显示效果如图 8-80 所示。喷泉入水处

图 8-78

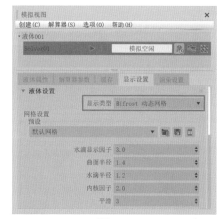

图 8-79

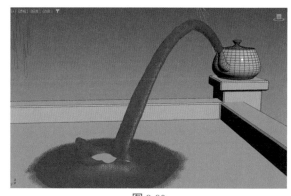

图 8-80

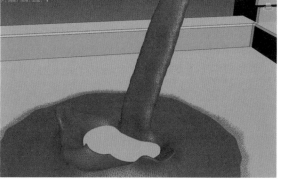

图 8-81

8.3.2 使用运动场影响喷泉的形状

01 在"创建"面板中单击"运动场"按钮，如图 8-82 所示。

图 8-82

02 在"前"视图中创建一个运动场，如图 8-83 所示。

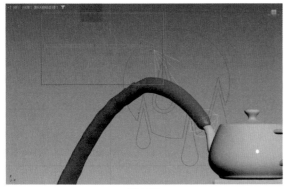

图 8-83

03 在"修改"面板中，展开"显示"卷展栏，勾选"速度栅格"复选框，如图 8-84 所示。设置完成后，运动场的视图显示效果如图 8-85 所示。

图 8-84

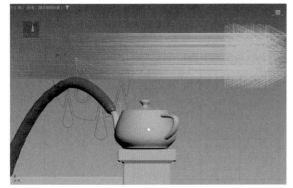

图 8-85

04 在"属性"卷展栏中，勾选"边界"和"湍流和噪波"复选框，如图 8-86 所示。设置完成后，运动场的视图显示效果如图 8-87 所示。

图 8-86

图 8-87

05 在"边界"卷展栏中，设置"边界图形"为"球体"，"衰减"为 1，"半径"为 30，如图 8-88 所示。设置完成后，运动场的视图显示效果如图 8-89 所示。

图 8-88

图 8-89

06 在"方向"卷展栏中，取消勾选"方向"复选框，如图 8-90 所示。设置完成后，运动场的视图显示效果如图 8-91 所示。

图 8-90

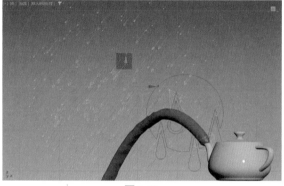

图 8-91

07 在"湍流"卷展栏中,设置"频率"为 100,如图 8-92 所示。设置完成后,运动场的视图显示效果如图 8-93 所示。

图 8-92

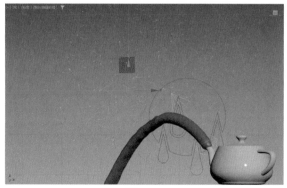

图 8-93

08 在"属性"卷展栏中,设置"幅值"为 35,如图

8-94 所示。设置完成后,运动场的视图显示效果如图 8-95 所示。

图 8-94

图 8-95

09 在"顶"视图中调整运动场的位置至图 8-96 所示。

图 8-96

10 在"运动场"卷展栏中,单击"拾取"按钮,将场景中的运动场添加至"添加运动场"下方的文本框内,如图 8-97 所示。

图 8-97

⑪ 设置完成后，进行液体模拟计算，本实例模拟出来的喷泉入水动画效果如图 8-98 所示。

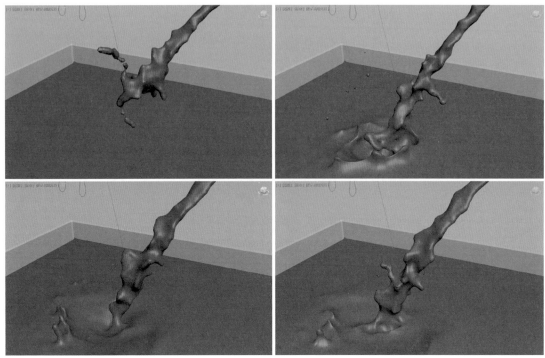

图 8-98